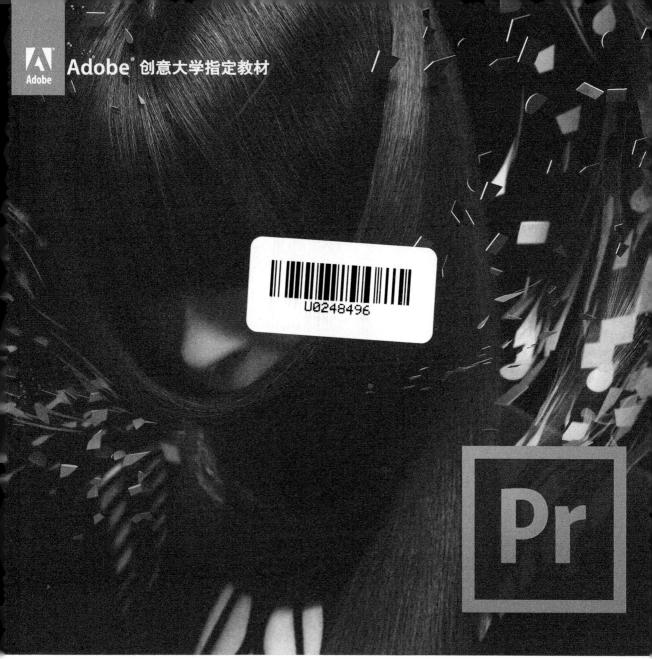

Adobe 创意大学指定教材

U0248496

Pr

Adobe® 创意大学
Premiere Pro CS6 标准教材

多媒体教学资源

- 本书实例的素材文件以及效果文件
- 本书实例190多分钟的同步高清视频教学

北京希望电子出版社　总策划
唐　琳　李少勇　编　著

北京希望电子出版社
Beijing Hope Electronic Press
www.bhp.com.cn

内容简介

Premiere 是 Adobe 公司出品的著名视频制作与处理软件，提供了高效、稳健、跨平台的影视编辑工作流程，支持多种视频格式，在影像合成、动画、视觉效果、多媒体和网页动画等方面都可发挥作用。Premiere 在全球拥有大量用户，备受视频制作设计师们的青睐。

本书以影视节目制作流程为主线，详细介绍了 Adobe Premiere Pro CS6 软件的基础知识和使用方法，内容完善，实例典型。全书分为 11 章，内容包括影视剪辑的基础知识，Adobe Premiere Pro CS6 的配置要求、工作界面及工作流程，素材的采集和剪辑，视频特效和转场特效的运用，音频效果的制作，字幕的编辑与应用，文件的输出等，最后通过两个综合案例将本书内容进行了巩固与总结，使用户通过基础理论的学习及实际制作的演练，达到视频编辑的专业水平。本书以"理论知识+实战案例"形式讲解知识点，对 Adobe Premiere Pro CS6 产品专家认证的考核知识进行了加着重点的标注，方便初学者和有一定基础的读者更有效率地掌握 Adobe Premiere Pro CS6 的重点和难点。

本书知识结构讲解合理，着重于提升学生的岗位技能竞争力，可作为参加"Adobe 创意大学产品专家认证"考试学生的指导用书，还可作为大中专院校数字媒体艺术、视频编辑等相关专业和影视后期制作培训班的教材。

本书附赠光盘内容包括书中部分实例的素材、效果文件和同步高清视频教学，读者可以通过微信公众号和微博获取（详见封底说明）。

图书在版编目（ＣＩＰ）数据

Premiere Pro CS6 标准教材 / 唐琳，李少勇编著.—北京：北京希望电子出版社，2013.4
（Adobe 创意大学系列）
ISBN 978-7-83002-095-8

Ⅰ．①P… Ⅱ．①唐…②李… Ⅲ．①视频编辑软件—教材，Ⅳ．①TN94

中国版本图书馆 CIP 数据核字(2013)第 017777 号

出版：北京希望电子出版社　　　　　　　封面：韦　纲
地址：北京市海淀区中关村大街 22 号　　 编辑：李小楠
　　　中科大厦 A 座 10 层　　　　　　　 校对：刘　伟
邮编：100190　　　　　　　　　　　　　开本：787mm×1092mm　1/16
网址：www.bhp.com.cn　　　　　　　　　 印张：19
电话：010-82620818（总机）转发行部　　字数：433 千字
　　　010-82626237（邮购）　　　　　　 印刷：北京教图印刷有限公司
传真：010-62543892　　　　　　　　　　 版次：2019 年 2 月 2 版 1 次印刷
经销：各地新华书店

定价：42.00 元

丛书编委会

主　任：王　敏

编委（或委员）：（按照姓氏字母顺序排列）

本书编委会

主　编：北京希望电子出版社

编　者：唐　琳　李少勇

审　稿：李小楠

丛　书　序

文化创意产业是社会主义市场经济条件下满足人民多样化精神文化需求的重要途径，是促进社会主义文化大发展大繁荣的重要载体，是国民经济中具有先导性、战略性和支柱性的新兴朝阳产业，是推动中华文化走出去的主导力量，更是推动经济结构战略性调整的重要支点和转变经济发展方式的重要着力点。文化创意人才队伍是决定文化产业发展的关键要素，有关统计资料显示，在纽约，文化产业人才占所有工作人口总数的12%，伦敦为14%，东京为15%，而像北京、上海等国内一线城市还不足1%。发展离不开人才，21世纪是"人才世纪"。因此，文化创意产业的快速发展，创造了更多的就业机会，急需大量优秀人才的加盟。

教育机构是人才培养的主阵地，为文化创意产业的发展注入了动力和新鲜血液。同时，文化创意产业的人才培养也离不开先进技术的支撑。Adobe®公司的技术和产品是文化创意产业众多领域中重要和关键的生产工具，为文化创意产业的快速发展提供了强大的技术支持，带来了全新的理念和解决方案。使用Adobe产品，人们可尽情施展创作才华，创作出各种具有丰富视觉效果的作品。其无与伦比的图形图像功能，备受网页和图形设计人员、专业出版人员、商务人员和设计爱好者的喜爱。他们希望能够得到专业培训，更好地传递和表达自己的思想和创意。

Adobe®创意大学计划正是连接教育和行业的桥梁，承担着将Adobe最新技术和应用经验向教育机构传导的重要使命。Adobe®创意大学计划通过先进的考试平台和客观的评测标准，为广大合作院校、机构和学生提供快捷、稳定、公正、科学的认证服务，帮助培养和储备更多的优秀创意人才。

Adobe®创意大学标准系列教材，是基于Adobe核心技术和应用，充分考虑到教学要求而研发的，全面、科学、系统而又深入地阐述了Adobe技术及应用经验，为学习者提供了全新的多媒体学习和体验方式。为准备参与Adobe®认证的学习者提供了重点清晰、内容完善的参考资料和专业工具书，也为高层专业实践型人才的培养提供了全面的内容支持。

我们期待这套教材的出版，能够更好地服务于技能人才培养、服务于就业工作大局，为中国文化创意产业的振兴和发展做出贡献。

北京中科希望软件股份有限公司董事长　周明陶

Adobe®是全球最大、最多元化的软件公司之一，旗下拥有众多深受客户信赖的软件品牌,以其卓越的品质享誉世界，并始终致力于通过数字体验改变世界。从传统印刷品到数字出版，从平面设计、影视创作中的丰富图像到各种数字媒体的动态数字内容，从创意的制作、展示到丰富的创意信息交互，Adobe解决方案被越来越多的用户所采纳。这些用户包括设计人员、专业出版人员、影视制作人员、商务人员和普通消费者。Adobe产品已被广泛应用于创意产业各领域，改变了人们展示创意、处理信息的方式。

Adobe®创意大学（Adobe® Creative University）计划是Adobe联合行业专家、教育专家、技术专家，基于Adobe最新技术，面向动漫游戏、平面设计、出版印刷、网站制作、影视后期等专业，针对高等院校、社会办学机构和创意产业园区人才培养，旨在为中国创意产业生态全面升级和强化创意人才培养而联合打造的教育计划。

2011年中国创意产业总产值约3.9万亿元人民币，占GDP的比重首次突破3%，标志着中国创意产业已经成为中国最活跃、最具有竞争力的重要支柱产业之一。同时，中国的创意产业还存在着巨大的市场潜力，需要一大批高素质的创意人才。另一方面，大量受到良好传统教育的大学毕业生由于没有掌握与创意产业相匹配的技能，在走出校门后需要经过较长时间的再次学习才能投身创意产业。Adobe®创意大学计划致力于搭建高校创意人才培养和产业需求的桥梁，帮助学生提高岗位技能水平，使他们快速、高效地步入工作岗位。自2010年8月发布以来，Adobe®创意大学计划与中国200余所高校和社会办学机构建立了合作，为学员提供了Adobe®创意大学考试测评和高端认证服务，大量高素质人才通过了认证并在他们心仪的工作岗位上发挥出才能。目前，Adobe®创意大学已经成为国内最大的创意领域认证体系之一，成为企业招纳创意人才的最重要的依据之一，累计影响上百万人次，成为中国文化创意类专业人才培养过程中一个积极的参与者和一支重要的力量。

我祝愿大家通过学习由北京希望电子出版社编著的"Adobe®创意大学"系列教材，可以更好地掌握Adobe的相关技术，并希望本系列教材能够更有效地帮助广大院校的老师和学生，为中国创意产业的发展和人才培养提供良好的支持。

Adobe祝中国创意产业腾飞，愿与中国一起发展与进步！

Adobe大中华区董事总经理　黄耀辉

前 言

一、Adobe®创意大学计划

Adobe®公司联合行业专家、行业协会、教育专家、一线教师、Adobe技术专家，面向国内游戏动漫、平面设计、出版印刷、eLearning、网站制作、影视后期、RIA开发及其相关行业，针对专业院校、培训领域和创意产业园区创意类人才的培养，以及中小学、网络学院、师范类院校师资力量的建设，基于Adobe核心技术，为中国创意产业生态全面升级和教育行业师资水平以及技术水平的全面强化而联合打造的全新教育计划。

详情参见Adobe®教育网：www.Adobecu.com。

二、Adobe®创意大学考试认证

Adobe®创意大学考试认证是Adobe®公司推出的权威国际认证，是针对全球Adobe软件的学习者和使用者提供的一套全面科学、严谨高效的考核体系，为企业的人才选拔和录用提供了重要和科学的参考标准。

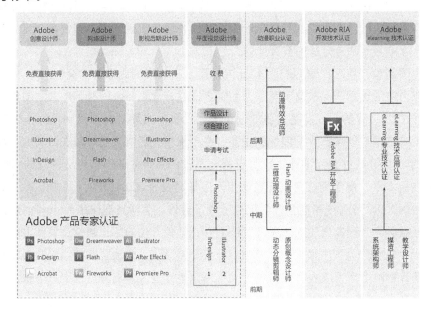

三、Adobe®创意大学计划标准教材

— 《Adobe®创意大学Photoshop CS6标准教材》
— 《Adobe®创意大学InDesign CS6标准教材》
— 《Adobe®创意大学Dreamweaver CS6标准教材》
— 《Adobe®创意大学Fireworks CS6标准教材》
— 《Adobe®创意大学Illustrator CS6标准教材》
— 《Adobe®创意大学After Effects CS6标准教材》
— 《Adobe®创意大学Flash CS6标准教材》
— 《Adobe®创意大学Premiere Pro CS6标准教材》

四、咨询或加盟"Adobe®创意大学"计划

如欲详细了解Adobe®创意大学计划，请登录Adobe®教育网www.adobecu.com或致电010-82626190，010-82626185，或发送邮件至邮箱：adobecu@hope.com.cn。

编著者

目录 Contents Adobe

第5章
素材剪辑基础

第6章
视频特效的应用

第11章
综合案例

第10章
文件的输出

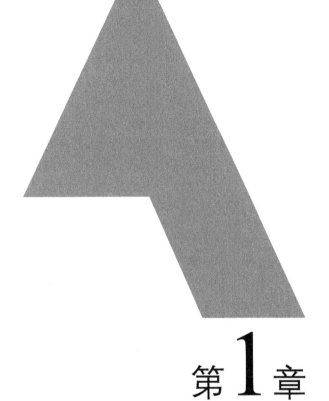

第1章
影视剪辑的基础知识

剪辑是电影制作的工序之一。影片拍摄完成后，工作人员依据故事发展和结构的要求，将画面和声带进行整理和修剪。本章主要讲解Premiere Pro CS6软件的一些基础知识，其中主要介绍影视剪辑的方式、影视剪辑的基本流程、常用色彩与常用术语。

学习要点

- 了解剪辑的定义
- 了解影视剪辑的方式
- 了解影视剪辑的基本工作流程
- 了解影视编辑色彩和常用图像基础
- 了解影视编辑的常用术语

1.1 剪辑的定义

　　影视剪辑是对声像素材进行分解重组的整个工作，随着计算机技术的快速发展，剪辑已经不再局限于电影制作了，很多广告动画制作行业也已经应用了剪辑技术。剪辑是影视制作过程中不可缺少的步骤，是影视后期制作中的重要环节。剪辑的英文是"Editing"，有编辑的含义。一部影视作品在经过前期素材拍摄与采集之后，由剪辑师按照剧情发展和影片结构的要求，将拍摄与采集到的多个镜头画面和录音带，经过选择、整理和修剪，按照影视画面拼接和最富于播放效果的顺序组接起来，从而成为一部结构完整、内容连贯、含义明确并具有艺术感染力的影视作品。

　　一部影视作品的诞生，一般需要经历以下几个阶段：剧本创意、选材选题、分镜头脚本、外景拍摄、演播室拍摄、特效创作、后期合成、音效配乐、剪辑创作和输出播放。在这几个阶段中，从剧本的编写到分镜头脚本的编写，属于影视编导的内容；从拍摄直到输出播放，都属于具体制作的阶段，其中剪辑所占的位置十分重要。但是影视节目制作过程是一个有机的整体，各个阶段前后之间相互影响。影视剪辑不能脱离这个过程而独立存在，如编辑的过程要遵循剧本和导演的意愿，在实际制作过程中还要严格按照分镜头脚本进行操作。

　　相对于影视节目来说，家庭影像作品在制作过程中要随意得多，但是无论是在拍摄过程中还是具体的剪辑过程中都要参考影视节目的制作经验，这样才能制作出精彩的家庭影像作品。

1.2 影视剪辑的方式

　　一般来讲，电影、电视节目的制作需要专业的设备、场所及专业技术人员，这都由专业公司来完成。不过近年来，影像作品应用领域呈现出了多样化的趋势，除了电影电视之外，在广告、网络多媒体以及游戏开发等领域也得到了充分的应用。同时，随着摄像机的便携化、数字化以及计算机技术的普及，影像制作业走入了普通家庭。从影像存储介质角度上看，影视剪辑技术的发展经历了胶片剪辑、磁带剪辑和数字化剪辑等阶段；从编辑方式角度看，影视剪辑技术的发展经历了线性剪辑和非线性剪辑的阶段。

▶ 1.1.1 线性剪辑

　　线性剪辑是一种基于磁带的剪辑方式。它利用电子手段，根据节目内容的要求，将素材连接成新的连续画面。通常使用组合编辑的方式将素材顺序编辑成新的连续画面，然后再以插入编辑的方式对某一段进行同样长度的替换。但要想删除、缩短、加长中间的某一段就非常麻烦了，除非将那一段以后的画面抹去，重新录制。

　　线性编辑方式有如下优点。

　　（1）能发挥磁带随意录、随意抹去的特点。

　　（2）能保持同步与控制信号的连续性，组接平稳，不会出现信号不连续、图像跳闪的感觉。

　　（3）声音与图像可以做到完全吻合，还可各自分别进行修改。

　　线性编辑方式的不足之处有以下几点。

　　（1）效率较低。线性编辑系统是以磁带为记录载体，节目信号按时间线性排列，在寻找素材时录像机需要进行卷带搜索，只能按照镜头的顺序进行搜索，不能跳跃进行，非常浪费时间，编辑效率低下，并且对录像机的磨损也较大。

（2）无法保证画面质量。影视节目制作中一个重要的问题就是母带翻版时的磨损。传统编辑方式的实质是复制，是将源素材复制到另一盘磁带上的过程。而模拟视频信号在复制时存在着衰减，信号在传输和编辑过程中容易受到外部干扰，造成信号的损失，图像品质难以保证。

（3）修改不方便。线性编辑方式是以磁带的线性记录为基础的，一般只能按编辑顺序记录，虽然插入编辑方式允许替换已录磁带上的声音或图像，但是这种替换实际上只能替掉旧的。它要求要替换的片段和磁带上被替换的片段时间一致，而不能进行增删，不能改变节目的长度，这样对节目的修改非常不方便。

（4）流程复杂。线性编辑系统连线复杂，设备种类繁多，各种设备性能不同，指标各异，会对视频信号造成较大的衰减，并且需要众多操作人员，过程复杂。

（5）流程枯燥。为制作一段十多分钟的节目，往往要对长达四五十分钟的素材反复审阅、筛选、搭配，才能大致找出所需的段落；然后需要大量的重复性机械劳动，过程较为枯燥，会对创意的发挥产生副作用。

（6）成本较高。线性编辑系统要求硬件设备多，价格昂贵，各个硬件设备之间很难做到无缝兼容，极大地影响了硬件的性能发挥，同时也给维护带来了诸多不便。由于半导体技术发展迅速，设备更新频繁，成本较高。

因此，对于影视剪辑来说，线性编辑是一种急需变革的技术。

▶ 1.1.2 非线性编辑

非线性编辑是相对于线性编辑而言的。非线性编辑借助计算机来进行数字化制作，几乎所有的工作都在计算机里完成，不再需要那么多外部设备，对素材的调用也非常方便，不用反反复复在磁带上寻找，突破单一的时间顺序编辑限制，可以按各种顺序排列，具有快捷简便、随机的特性。非线性编辑可以多次编辑，信号质量始终不会降低，节省了设备人力，提高了效率。非线性编辑需要专用的编辑软件和硬件，现在绝大多数的电视电影制作机构都采用了非线性编辑系统。

从非线性编辑系统的作用来看，它能集录像机、切换台、数字特技机、编辑机、多轨录音机、调音台、MIDI创作、时基等设备于一身，几乎包括了所有的传统后期制作设备。这种高度的集成性，使得非线性编辑系统的优势更为明显，在广播电视界占据越来越重要的地位，非线性编辑器如图1-1所示。

图1-1　非线性编辑器

非线性编辑系统有如下优点。

（1）信号质量高。在非线性编辑系统中，信号质量损耗较大的缺陷是不存在的，无论如何编辑、复制次数有多少，信号质量始终都保持在很高的水平。

（2）制作水平高。在非线性编辑系统中，大多数的素材都存储在计算机硬盘上，可以随时

调用，不必费时费力地逐帧寻找，能迅速找到需要的那一帧画面。整个编辑过程就像文字处理一样，灵活方便。同时，多种多样、花样翻新、可自由组合的特技方式，使制作的节目丰富多彩，将制作水平提高到一个新的层次。

（3）系统寿命长。非线性编辑系统对传统设备的高度集成，使后期制作所需的设备降至最少，有效地降低了成本。在整个编辑过程中，录像机只需要启动两次，一次输入素材，一次录制节目带。避免了录像机的大量磨损，使录像机的寿命大大延长。

（4）升级方便。影视制作水平的不断提高，对设备也不断地提出新的要求，这一矛盾在传统编辑系统中很难解决，因为这需要不断投资。而使用非线性编辑系统，则能较好地解决这一矛盾。非线性编辑系统所采用的是易于升级的开放式结构，支持许多第三方的硬件和软件。通常，功能的增加只需要通过软件的升级就能实现。

（5）网络化。网络化是计算机的一大发展趋势，非线性编辑系统可充分利用网络方便地传输数码视频，实现资源共享，还可利用网络上的计算机协同创作，方便对于数码视频资源的管理和查询。目前在一些电视台中，非线性编辑系统都在利用网络发挥着更大的作用。

非线性编辑方式也存在一些缺点，如下所述。

（1）需要大容量存储设备，录制高质量素材时需更大的硬盘空间。

（2）前期摄像仍需用磁带，非线性编辑系统仍需要磁带录像机。

（3）计算机稳定性要求高，在高负荷状态下计算机可能会发生死机现象，造成工作数据丢失。

（4）制作人员综合能力要求高，要求制作人员在制作能力、美学修养、计算机操作水平等方面均衡发展。

1.3 影视剪辑的基本工作流程

Adobe Premiere Pro CS6使用流程主要分为素材的采集与输入、素材编辑、特效处理、字幕制作和输出播放5个步骤，如图1-2所示。

素材的采集与输入　　　素材编辑　　　　　特效处理　　　　字幕制作　　　　输出播放

图1-2　Adobe Premiere Pro CS6使用流程

1. 素材的采集与输入

素材的采集就是将外部的视频经过处理转换为可编辑的素材，输入的作用主要是将其他软件处理的图像、声音等素材导入Adobe Premiere Pro CS6中。

2. 素材编辑

素材编辑是设置素材的入点与出点，以选择最合适的部分，然后按顺序组接不同素材的过程。

3. 特效处理

对于视频素材，特效处理包括转场、特效与合成叠加。对于音频素材，特技处理包括转场和特效。非线性编辑软件功能的强弱，往往体现在这方面。配合硬件，Adobe Premiere Pro CS6能够实现特效的实时播放。

4. 字幕制作

字幕是影视节目中非常重要的部分。在Adobe Premiere Pro CS6中制作字幕很方便，可以实现非常多的效果，并且还有大量的字幕模板可以选择。

5. 输出播放

节目编辑完成后，可以输出到录像带上，可以生成视频文件，用于网络发布、刻录VCD/DVD以及蓝光高清光盘等。

1.4　影视编辑色彩与常用图像基础

在影视编辑中色彩与图像是必不可少的，一个好的影视作品需要好的色彩搭配和漂亮的图片结合而成。另外，在制作时需要对色彩的模式、图像类型、分辨率等有一个充分的了解，这样在制作中才能够知道自己所需要的素材类型。

1.4.1　色彩模式

在计算机中表现色彩，是依靠不同的色彩模式来实现的。常用的色彩模式有RGB色彩模式、CMYK色彩模式、Lab色彩模式、HSB色彩模式、灰度模式。

下面介绍几种常用的色彩模式。

1. RGB色彩模式

RGB是由红（Red）、绿（Green）、蓝（Blue）三原色组成的色彩模式。图像中所有的色彩都是由三原色组合而来的。

三原色中的每一种色一般都可包含256种亮度级别，三个通道合成起来就可显示完整的彩色图像。电视机或监视器等视频设备就是利用光色三原色进行彩色显示的，在视频编辑中，RGB是唯一可以使用的配色方式。在RGB图像中的每个通道一般可包含28个不同的色调。通常所提到的RGB图像包含三个通道，因而在一幅图像中可以有224（约1670万）种不同的颜色。

在Premiere中可以通过对红、绿、蓝三个通道的数值的调节，来调整对象色彩。三原色中每种都有一个0~255的取值范围，当三个值都为0时，图像为黑色，三个值都为255时，图像为白色，RGB色彩模式的示意如图1-3所示。

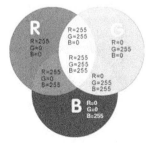

图1-3　RGB色彩模式

2. CMYK色彩模式

CMYK色彩模式是一种印刷模式，它由青（Cyan）、洋红（Magenta）、黄（Yellow）、黑（Black）四种颜色混合而成。CMYK模式的图像包含C、M、Y、K四个单色通道和一个由它们混合组成的彩色通道。CMYK模式的图像中，某种颜色的含量越多，那么它的亮度级别就越低，在其中这种颜色表现得就越暗，这一点与RGB模式的颜色混合是相反的，CMYK色彩模式的示意如图1-4所示。

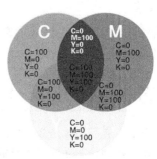

图1-4　CMYK色彩模式

3. Lab色彩模式

Lab色彩模式是唯一不依赖外界设备而存在的一种色彩模式。Lab颜色通道由一个亮度通道和两个色度通道a、b组成。其中a代表从绿到红的颜色分量变化，b代表从蓝到黄的颜色分量变化。

Lab色彩模式在理论上包括了人眼可见的所有色彩，它弥补了CMYK模式和RGB模式的不足。在一些图像处理软件中，对RGB模式与CMYK模式进行转换时，通常先将RGB模式转换为Lab模式，然后再转换为CMYK模式，这样能保证在转换过程中所有的色彩不会丢失或者被替换。Lab色彩模式的示意如图1-5所示。

4. HSB色彩模式

HSB色彩模式是基于人眼对色彩的观察来定义的，这种色彩模式比较符合人的主观感受，它将色彩看成三个要素，即色相（H）、饱和度（S）和亮度（B）。色相指纯色，即组成可见光谱的单色、红色为0°，绿色为120°，蓝色为240°；饱和度指颜色的纯度或强度，表示色相中灰色成分所占的比例；亮度是颜色相对的明暗程度，最大亮度是色彩最鲜明的状态，HSB色彩模式的示意如图1-6所示。

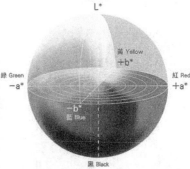
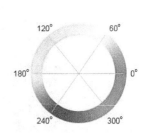

图1-5　Lab色彩模式　　　　　　　　图1-6　HSB色彩模式

5. 灰度模式

灰度模式属于非彩色模式，它包含256级不同的亮度级别，只有一个Black通道。剪辑人员在图像中看到的各种色调都是由256种不同强度的黑色所表示的。灰度图像中每个像素的颜色都要用8位二进制数字存储。

1.4.2 图形

计算机图形可分为两种类型，即位图图形和矢量图形。

1. 位图图形

位图图形也被称为光栅图形或点阵图形，由大量的像素组成。位图图形是依靠分辨率的图形，每一幅都包含着一定数量的像素。剪辑人员在创建位图图形时，必须设定图形的尺寸和分辨率。数字化后的视频文件也是由连续的图像组成的。当放大位图时，可以看见构成整个图像的无数单个方块，位图图形放大前后的显示效果如图1-7所示。

图1-7　位图像素（左图为放大前的效果，右图为放大后的效果）

2. 矢量图形

矢量图形是与分辨率无关的图形。它通过数学方程式来得到，由数学对象所定义的直线和曲线组成。在矢量图形中，所有的内容都是由数学定义的曲线（路径）组成，这些路径曲线放在特定位置并填充有特定的颜色。移动、缩放图形或更改图形的颜色都不会降低图形的品质，矢量图形放大前后的显示效果如图1-8所示。

矢量图形与分辨率无关，即使任意地改变矢量图形的大小属性，它也会维持原有的清晰度。因此，矢量图形是文字（尤其是小字）和粗图形的最佳选择，Premiere Pro CS6中字幕里的图形就是矢量图形。

图1-8　矢量图形（左图为放大前的效果，右图为放大后的效果）

▶ 1.4.3 像素

像素又被称为画素，是图形显示的基本单位，每个像素都含有各自的颜色值，可分为红、绿、蓝三种子像素。在单位面积中含有的像素越多，图像的分辨率就越高，图像显示得越清晰。像素有如下三种特性。

(1) 像素与像素间有相对位置。

(2) 像素具有颜色能力，可以用bit（位）来度量。

(3) 像素都是正方形的。像素的大小是相对的，它依赖于组成整幅图像像素的数量多少。

▶ 1.4.4 分辨率

1. 图像分辨率

图像分辨率是指单位图像线性尺寸中所包含的像素数目，通常以ppi（像素/英寸）为计量单位。打印尺寸相同的两幅图像，高分辨率的图像比低分辨率的图像所包含的像素多。例如，打印尺寸为$1 \times 1 \text{in}^2$的图像，如果分辨率为72ppi，包含的像素数目就为5184（$72 \times 72 = 5184$）；如果分辨率为300ppi，图像中包含的像素数目则为90000。

要确定使用的图像分辨率，应考虑图像最终发布的媒介。如果制作的图像用于计算机屏幕显示，图像分辨率只需满足典型的显示器分辨率（72ppi或96ppi）即可。如果图像用于打印输出，那么必须使用高分辨率（150ppi或300ppi），低分辨率的图像打印输出会出现明显的颗粒和锯齿边缘。如果原始图像的分辨率较低，由于图像中包含的原始像素的数目不能改变，仅提高图像分辨率不会提高图像品质。分辨率为10ppi和分辨率为100ppi的图像对比如图1-9所示。

图1-9　不同分辨率的图像对比（左图图像分辨率为10ppi，右图图像分辨率为100ppi）

2. 显示器分辨率

显示器分辨率是指显示器上每单位长度显示的像素或点的数目，通常以dpi（点/英寸）为计量单位。显示器分辨率决定于显示器尺寸及其像素设置，PC显示器典型的分辨率为96 dpi。在平时的操作中，图像的像素被转换成显示器的像素或点，这样当图像的分辨率高于显示器的分辨率时，图像在屏幕上显示的尺寸比实际的打印尺寸大。例如，在96 dpi的显示器上显示$1 \times 1 \text{ in}^2$、192 dpi的图像时，屏幕上将以$2 \times 2 \text{ in}^2$的区域显示，如图1-10所示。

图1-10　屏幕分辨率

1.4.5　色彩深度

视频数字化后，能否真实反映出原始图像的色彩是十分重要的。在计算机中，采用色彩深度这一概念来衡量处理色彩的能力。色彩深度指的是每个像素可显示出的色彩数，它和数字化过程中的量化数有着密切的关系。因此色彩深度基本上用多少量化数，也就是多少位（bit）来表示。显然，量化比特数越高，每个像素可显示出的色彩数目越多。8位色彩是256色；16位色彩被称为中（Thousands）彩色；24位色彩称为真彩色，就是百万（Millions）色。另外，32位色彩对应的是百万+（Millions+），实际上它仍是24位色彩深度，剩下的8位为每一个像素存储透明度信息，也被称为Alpha通道。8位的Alpha通道，意味着每个像素均有256个透明度等级。

1.5　影视编辑的常用术语

在使用Premiere Pro CS6的过程中，会涉及到许多专业术语。理解这些术语的含义，了解这些术语与Premiere Pro CS6的关系，是充分掌握Premiere Pro CS6的基础。

1. 帧

帧是组成影片的每一幅静态画面，无论是电影或者电视，都是利用动画的原理使图像产生运动，静帧图像如图1-11所示。动画是一种将一系列差别很小的画面以一定速率连续放映而产生出运动视觉的技术。根据人类的视觉暂留现象，连续的静态画面可以产生运动效果。帧是构成动画的最小单位，即组成动画的每一幅静态画面，一帧就是一幅静态画面，连续的静态动画如图1-12所示。

图1-11　静帧图像

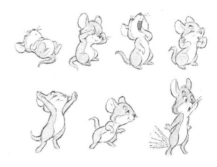

图1-12　连续的静态动画

2. 帧速率

帧速率是视频中每秒包含的帧数。物体在快速运动时，人眼对于时间上每一个点的物体状态会有短暂的保留现象。例如，在黑暗的房间中晃动一支发光的电筒，由于视觉暂留现象，看到的不是一个亮点沿弧线运动，而是一道道弧线。这是由于电筒在前一个位置发出的光还在人的眼睛里短暂保留，它与当前电筒的光芒融合在一起，因此组成一段弧线。由于视觉暂留的时间非常短，为10^{-1}秒数量级，为了得到平滑连贯的运动画面，必须使画面的更新达到一定标准，即每秒所播放的画面要达到一定数量，这就是帧速率。PAL制式影片的帧速率是25fps，NTSC制影片的帧速度是29.97 fps，电影的帧速率是24 fps，二维动画的帧速率是12 fps。

3. 采集

采集是指从摄像机、录像机等视频源获取视频数据。

4. 源

源是指视频的原始媒体或来源，通常指便携式摄像机、录像带等。配音是音频的重要来源。

5. 字幕

字幕可以是移动的文字提示、标题、片头或文字标题。

6. 故事板

故事板是影片可视化的表示方式，单独的素材在故事板上被表示成图像的缩略图。

7. 画外音

画外音指影片中声音的画外运用，即不是由画面中的人或物体直接发出的声音，而是来自画外面的声音。旁白、独白、解说是画外音的主要形式。旁白一般分为客观性叙述与主观性自述两种。画外音摆脱了声音依附于画面视像的从属地位，充分发挥声音的创造作用，打破镜头和画面景框的界限，把电影的表现力拓展到镜头和画面之外，不仅使观众能深入感受和理解画面形象的内在含义，而且能通过具体生动的声音形象获得间接的视觉效果，强化了影片的视听结合功能。画外音和画面内的声音及视像互相补充，互相衬托，可产生各种蒙太奇效果。

8. 素材

素材是指影片中的小片段，可以是音频、视频、静态图像或标题。

9. 转场

转场就是指在一个场景结束到另一个场景开始之间出现的内容。段落是影片最基本的结构形式，影片在内容上的结构层次是通过段落表现出来的。而段落与段落、场景与场景之间的过渡或转换，被称为转场，如图1-13所示为Premiere Pro CS6软件中的Slash Slide（斜叉滑动）转场效果。

图1-13　Slash Slide（斜叉滑动）转场特效

10. 流

这是一种新的Internet视频传播技术，它允许视频文件在被下载的同时也可以被播放。流通常用于大的视频或音频文件。

11. NLE

NLE是指非线性编辑，传统的在录像带上的视频编辑是线性的，因为剪辑人员必须将素材按顺序保存在录像带上，而计算机的编辑则可以排列成任何顺序，因此被称为非线性编辑。

12. 模拟信号

模拟信号是指用磁带作为载体对视频画面进行记录、保存和编辑的一种视频信号模式。这种模式是将所有的信号视频信息记录在磁带上。在对视频进行编辑时，采用线性编辑的模式。随着计算机技术的不断发展，线性编辑这种模式慢慢被非线性编辑模式所代替。

13. 数字信号

数字信号是相对于模拟信号而言的，数字信号是指在视频信号产生后的处理、记录、传送和接收的过程中使用的在时间上和幅度上都是离散化的信号，相应的设备被称为数字视频设备。

14. 时间码

时间码是指用数字的方法表示视频文件的一个点相对于整个视频或视频片段的位置。时间码可以用于做精确的视频编辑。

15. 渲染

渲染是指将节目中所有源文件收集在一起，创建最终影片的过程。

16. 制式

制式是指传送电视信号所采用的技术标准。基带视频是一个简单的模拟信号，由视频模拟数据和视频同步数据构成，用于在接收端正确地显示图像，信号的细节取决于应用的视频标准或者制式（NTSC/AECAM）。

17. 节奏

一部好片子的形成大多都源于节奏。视频与音频紧密结合，使人们在观看某部片子时，不但有情感的波动，还要在看完一遍后对这部片子有整体感觉，这就是节奏的魅力，它是音频与视频的完美结合。节奏是在整部片子的感觉基础上形成的，它也象征着一部片子的完整性。

18. 宽高比

视频标准中的另一个重要参数是宽高比，可以用两个整数的比来表示，也可以用小数来表示，如4：3或1.33。电影、SDTV（标清电视）和HDTV（高清晰度电视）具有不同的宽高比，SDTV的宽高比是4：3或1.33；HDTV和扩展清晰度电视（EDTV）的宽高比是16：9或1.78；电影的宽高比从早期的1.333到宽银幕的2.77。由于输入图像的宽高比不同，便出现了在某一宽高比屏幕上显示不同宽高比图像的问题。像素宽高比是指图像中一个像素的宽度和高度之比，帧宽高比则是指图像的一帧的宽度与高度之比。某些视频输出使用相同的帧宽高比，但使用不同的像素宽高比。例如，某些NTSC数字化压缩卡产生4：3的帧宽高比，使用方像素（1.0像素比）及

640×480分辨率；DV-NTSC采用4∶3的帧宽高比，但使用矩形像素（0.9像素比）及720×486分辨率。

1.6 本章小结

本章主要介绍了有关影视剪辑的基础知识，其中包括剪辑的定义、方式，影视剪辑工作的基本流程以及常用术语等。

- 剪辑是影视制作过程中不可缺少的步骤，是影视后期制作中的重要环节。从影像存储介质的角度上看，影视剪辑技术的发展经历了胶片剪辑、磁带剪辑和数字化剪辑等阶段；从编辑方式角度看，影视剪辑技术的发展经历了线性剪辑和非线性剪辑的阶段。
- 在Premiere Pro CS6中，影视剪辑工作基本流程主要分为素材的采集与输入、素材编辑、特效处理、字幕制作和输出播放五个步骤。
- 在计算机中表现色彩，是依靠不同的色彩模式来实现的。常用的色彩模式有RGB色彩模式、CMYK色彩模式、Lab色彩模式、HSB色彩模式、灰度模式。计算机图形可分为位图图形和矢量图形两种类型。像素又被称为画素，是图形显示的基本单位，每个像素都含有各自的颜色值，可分为红、绿、蓝三种子像素。
- 在使用Premiere Pro CS6的过程中，会涉及到许多专业术语。常用术语包括帧、采集、源、字幕、转场和流等。

1.7 课后习题

1. 选择题

（1）RGB色彩模式是由（　　）三原色组成的色彩模式。
  A．红色、绿色和蓝色　　　　　　　　　B．红色、黄色和绿色
  C．红色、蓝色和白色　　　　　　　　　D．红色、青色和绿色

（2）图像分辨率是指单位图像线性尺寸中所包含的像素数目，通常以（　　）为计量单位。
  A．mm　　　　　　　　　　　　　　　B．ppi
  C．frame　　　　　　　　　　　　　　D．bit

2. 填空题

（1）影视工作的基本流程包括素材的采集与输入、素材编辑、＿＿＿＿＿＿＿＿、字幕制作、＿＿＿＿＿＿＿＿五个步骤。

（2）图形分为＿＿＿＿＿＿＿＿和＿＿＿＿＿＿＿＿，＿＿＿＿＿＿＿＿是文字的最佳选择。

3. 判断题

（1）线性剪辑能发挥磁带能随意录、随意抹去的特点。（　　）

（2）当RGB值均为255时，图像为黑色，三个值都为0时，图像为白色。（　　）

（3）像素又被称为画素，是图形显示的基本单位，每个像素都含有各自的颜色值，可分为红、绿、蓝三种子像素。（　　）

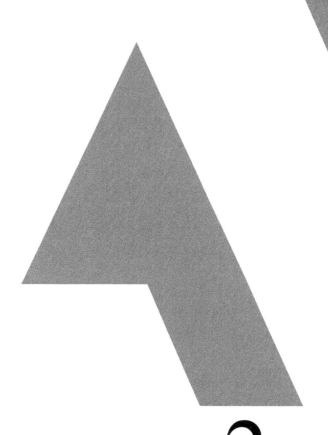

第2章
Premiere Pro CS6入门

本章内容主要讲解关于Premiere Pro CS6软件的一些基础知识，Premiere Pro CS6的安装及配置要求、Premiere Pro CS6工作界面等内容。

学习要点

- Premiere Pro软件的简单介绍
- 了解Premiere Pro CS6的配置要求
- 了解Premiere Pro CS6的安装、启动与退出
- 认识Premiere Pro CS6的工作界面

2.1 Premiere Pro简介

Adobe Premiere Pro是目前最流行的非线性编辑软件，是数码视频编辑的强大工具，它作为功能强大的多媒体视频、音频编辑软件，应用范围不胜枚举，制作效果美不胜收，足以协助用户更加高效地完成工作。Adobe Premiere Pro以其新的合理化界面和通用的高端工具，兼顾了广大视频用户的不同需求，在一个并不昂贵的视频编辑工具箱中，提供了前所未有的生产能力、控制能力和灵活性。Adobe Premiere Pro是一个创新的非线性视频编辑应用程序，也是一个功能强大的实时视频和音频编辑工具，是视频爱好者们使用最多的视频编辑软件之一。

Premiere可以在计算机上观看并编辑多种文件格式的电影，还可以制作用于后期节目制作的编辑制订表（Edit Decision List，EDL）。通过其他计算机外部设备，Premiere还可以进行电影素材的采集，可以将作品输出到录像带、CD-ROM和网络上，或将EDL输出到录像带生产系统。

2.2 Premiere Pro CS6的配置要求

Premiere Pro CS6的安装版本要求操作系统必须是64位，因此，要求用户的操作系统必须为Windows Vista或Windows 7（在Windows XP下不能安装）。安装Premiere Pro CS6的系统要求具体如下。

2.2.1 Windows版本

（1）Intel.Core.2Duo或AMD Phenom.Ⅱ处理器；需要64位支持。

（2）需要64位操作系统：Microsoft Windows Vista Home Premium、Business、Ultimate或Enterprise（带有Service Pack 1）或者Windows 7。

（3）4GB内存（推荐4GB或更大内存）。

（4）4GB可用硬盘空间用于安装；安装过程中需要额外的可用空间（无法安装在基于闪存的可移动存储设备上）。

（5）1280×900像素的屏幕，OpenGL 2.0兼容图形卡。

（6）编辑压缩视频格式需要转速为7200r/min的硬盘驱动器；未压缩视频格式需要RAID 0。

（7）ASIO协议或Microsoft Windows Driver Model兼容声卡。

（8）需要OHCI兼容型IEEE1394端口进行DV和HDV捕获、导出到磁带并传输到DV设备。

（9）双层DVD（DVD+/-R刻录机用于刻录DVD；Blu-ray刻录机用于创建Blu-ray Disc媒体）兼容DVD-ROM驱动器。

（10）GPU加速性能需要经Adobe认证的GPU卡。

（11）需要Quick Time7.6.6软件实现Quick Time功能。

（12）在线服务需要宽带Internet连接。

2.2.2 Mac OS X版本

（1）Intel多核处理器（含64位支持）。

（2）Mac OS X v10.6.8或v10.7版本；GPU加速性能需要Mac OS X v10.8。

（3）4GB内存（推荐8GB或更大内存）。

（4）4GB可用硬盘空间用于安装；安装过程中需要额外的可用空间（无法安装在使用区分大小写的文件系统的卷或基于闪存的可移动存储设备上）。

（5）编辑压缩视频格式需要7200转硬盘驱动器；未压缩视频格式需要RAID 0。

（6）1280×900像素的屏幕；Open GL2.0兼容图形卡。

（7）双层DVD（DVD+/-R刻录机用于刻录DVD；Blu-ray刻录机用于创建Blu-ray Disc媒体）兼容DVD-ROM驱动器。

（8）需要Quick Time7.6.6软件实现Quick Time功能。

（9）GPU加速性能需要经Adobe认证的GPU卡。

（10）在线服务需要宽带Internet连接。

2.2.3 NVIDIA显卡支持列表（GPU加速）

（1）GeForce GTX 285（Windows和Mac OS）

（2）GeForce GTX 470（Windows）

（3）GeForce GTX 570（Windows）

（4）GeForce GTX 580（Windows）

（5）Quadro FX 3700M（Windows）

（6）Quadro FX 3800（Windows）

（7）Quadro FX 3800M（Windows）

（8）Quadro FX 4800（Windows和Mac OS）

（9）Quadro FX 5800（Windows）

（10）Quadro 2000（Windows）

（11）Quadro 2000D（Windows）

（12）Quadro 2000M（Windows）

（13）Quadro 3000M（Windows）

（14）Quadro 4000（Windows和Mac OS）

（15）Quadro 4000M（Windows）

（16）Quadro 5000（Windows）

（17）Quadro 5000M（Windows）

（18）Quadro 5010M（Windows）

（19）Quadro 6000（Windows）

（20）Quadro CX（Windows）

（21）Tesla C2075（Windows）

2.3 Premiere Pro CS6的安装、启动与退出

本节将介绍Premiere Pro CS6的安装、启动与退出方法。

2.3.1 安装Premiere Pro CS6

安装Premiere Pro CS6需要64位操作系统，安装Premiere Pro CS6软件的方法非常简单，只需

根据提示便可轻松地完成安装，具体的操作步骤如下。

01 将Premiere Pro CS6的安装光盘放入计算机的光驱中，双击Set-up.exe，运行安装程序，首先进行初始化，如图2-1所示。

02 初始化完成后，弹出如图2-2所示的欢迎对话框，然后单击"安装"选项。

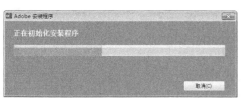

图2-1 安装初始化　　　　　　　　　　　　　图2-2 单击"安装"选项

03 在弹出的Adobe软件许可协议对话框中阅读Premiere Pro CS6的许可协议，并单击"接受"按钮，如图2-3所示。

04 在弹出的对话框中输入序列号，并单击"下一步"按钮，如图2-4所示。

图2-3 许可协议　　　　　　　　　　　　　　图2-4 输入序列号

05 在弹出的选项对话框中设置产品的安装路径，在这里使用默认的安装路径，然后单击"安装"按钮，如图2-5所示。

🔎 **提示**

　　单击"浏览"按钮可以自定义文件的安装位置。

06 弹出安装进度对话框，如图2-6所示。

07 安装完成后，弹出如图2-7所示的对话框，然后单击"关闭"按钮。

08 选择"开始"|"所有程序"|"Adobe"命令，选择"Adobe Premiere Pro CS6"选项，单击鼠标右键，在快捷菜单中选择"发送到"|"桌面快捷方式"命令，在桌面创建Premiere Pro CS6快捷方式，如图2-8所示。

图2-5　设置安装路径

图2-6　安装进度

图2-7　安装完成

图2-8　创建快捷方式

2.3.2　启动程序并新建项目文件

　　Premiere Pro CS6的启动界面是新建项目并设置项目的界面，对新建项目的格式、制式、音频模式等的设置都在这里进行。

01 在程序菜单中选择Premiere Pro CS6命令或者双击桌面图标📷打开Premiere Pro CS6，弹出软件初始化界面，如图2-9所示。

02 进入欢迎界面，如图2-10所示。

图2-9　初始化界面

图2-10　欢迎界面

在欢迎界面中包括以下几个按钮。

- New Project（新建项目）：用于创建一个新的项目文件。
- Open Project（打开项目）：用于打开一个已有的项目文件。
- Help（帮助）：用于打开软件本身所带的帮助文件。
- Recent Projects（最近使用项目）：在它下面会列出最近编辑或打开过的项目文件名。
- Exit（退出）：退出Premiere Pro CS6软件。

03 单击New Project（新建项目）按钮，弹出New Project（新建项目）对话框，如图2-11所示，在对话框的General（常规）选项卡中可以对项目的Video（视频）、Capture（采集）、Video Rendering and Playback（视频渲染与播放）等选项进行设置，并且可以自定义项目的Location（存储位置）以及Name（名称）、Scratch Disks（暂存盘）标签中的选项可以保持默认。

🔍 提示

　　项目的帧速率、尺寸、像素比例和场顺序都需要在新建项目时设置好，一旦开始编辑影片，这些参数将无法再进行修改。

04 系统会弹出New Sequence（新建序列）对话框，如图2-12所示。设置完序列参数后，单击OK按钮，进入Premiere Pro CS6程序。

图2-11 "新建项目"对话框

图2-12 序列设置画面

▶ 2.3.3 退出Premiere Pro CS6

在Premiere Pro CS6软件中编辑完成后退出程序，在菜单栏中选择File（文件）| Exit（退出）命令（或按Ctrl+Q组合键），此时会弹出提示对话框，如图2-13所示，提示用户是否对当前项目文件进行保存，其中有三个按钮。

- Yes（是）：对当前项目文件进行保存，然后关闭软件。
- No（否）：对当前项目文件不进行保存，可以直接退出软件。
- Cancel（取消）：回到编辑项目文件中，不退出软件。

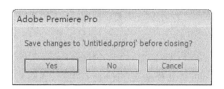

另一种退出软件的方法是：对当前编辑过的项目文件先进行保存，然后再退出软件。这种操作比上面的方法麻烦，但是可以避免操作上的错误。

01 在菜单栏中选择File（文件）| Save（保存）命令，如图2-14所示，先将当前编辑的项目保存。

图2-13　提示对话框

02 在菜单栏中选择File（文件）| Close Project（关闭项目）命令，如图2-15所示，这样只会关闭当前项目文件，返回到欢迎界面中。

图2-14　选择保存项目

图2-15　选择关闭项目

03 在欢迎界面中单击Exit（退出）按钮，即可退出Premiere Pro CS6软件。

2.4　Premiere Pro CS6的工作界面

本章介绍Premiere Pro CS6窗口的基本功能，菜单中的命令有些和窗口中的命令一致，用户可以通过不同的方式执行菜单命令，通过对窗口的熟悉，可以更容易地学习Premiere Pro CS6的基础操作，操作界面如图2-16所示。

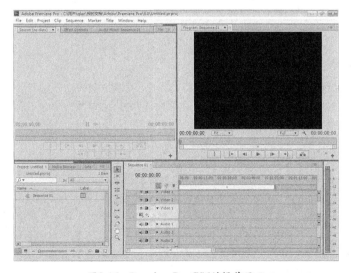

图2-16　Premiere Pro CS6的操作界面

2.4.1 Premiere Pro CS6菜单栏命令

在Premiere Pro CS6中共提供了9组菜单选项，各自代表了一类命令，其中大部分菜单命令在界面中也有相应的快捷按钮，下面对其进行介绍。

1. File（文件）菜单

File（文件）菜单中的命令主要用来创建、打开、存储文件或项目等操作，如图2-17所示。

> **提 示**
>
> 选择右边带有图标▶的命令条会弹出子菜单。

- New（新建）：单击图标▶弹出下拉菜单，如图2-18所示，部分命令说明如下。

图2-17　File（文件）菜单　　　　　图2-18　New（新建）命令的子菜单

- Project（项目）：创建项目，用于组织、管理影片文件中所使用的素材和序列。
- Sequence（序列）：创建合成序列，用于编辑加工源素材。
- Sequence From Clip（由当前素材新建序列）：在当前素材中获得序列。
- Bin（文件夹）：创建项目内部文件夹，可以容纳各种类型的片段以及子片段。
- Offline File（脱机文件）：在打开节目时，Premiere Pro CS6可自动为找不到的片段文件创建离线文件；也可在编辑节目的任一时刻，创建离线文件。
- Title（字幕）：创建字幕编辑窗口。
- Photoshop File（Photoshop文件）：创建一个可在Photoshop中编辑绘制的空白PSD格式文件，该文件的像素尺寸将自动匹配项目视频的尺寸。在Photoshop中编辑完文件并保存后，Premiere中的PSD文件将自动刷新为保存后的最终文件。
- Bars and Tone（彩条）：创建标准彩条图像文件。
- Black Video（黑场视频）：创建一个黑色图像文件。
- Color Matte（彩色蒙版）：可创建自定义色彩的图层。
- Universal Counting Leader（通用倒计时片头）：创建倒计时片头。
- Transparent Video（透明视频）：创建一个透明视频素材，通过为该素材添加一些特效来设置素材的效果，这样可以确保其下方轨道中源素材文件不受特效的影响。
- Open Project（打开项目）：打开项目文件对话框，定位并选择打开项目文件。
- Close（关闭）：关闭当前操作的项目。

- Save（保存）：对当前项目进行保存。
- Save as（另存为）：将当前项目存储为另一个项目文件。
- Save a Copy（保存副本）：对当前项目进行复制，并存储为另一个文件作为项目的备份。
- Revert（返回）：把当前已经编辑过的项目恢复到最后一次保存的状态。
- Capture（采集）：依靠外部设备进行视频和音频的采集。
- Batch Capture（批量采集）：对采集设备输出素材的入点和出点，进行多段采集剪辑。
- Adobe Dynamic Link（Adobe动态链接）：链接外部资源，可以导入After Effects软件中的一些特效，使Premiere软件的特效功能更加强大。
- Adobe Story：使用Adobe Story，编剧人员可以使用Web浏览器或基于Adobe AIR的桌面应用来访问该程序，加速创作效率。
- Import from Media Browser（从媒体浏览器导入）：首先在媒体浏览窗口中选择需要导入的素材，然后执行该命令将选中的素材导入项目中。
- Import（导入）：选择该命令，出现导入文件对话框，定位并选择导入文件。
- Import Recent File（导入最近文件）：显示最近导入过的文件。
- Export（导出）：对编辑完成的合成序列进行输出。
- Get Properties for（获取信息）：用来获取文件属性。
- Reveal in Adobe Bridge（在Bridge中显示）：选择项目窗口中的素材，单击该命令打开Bridge浏览器，并显示该素材。
- Exit（退出）：退出Adobe Premiere Pro CS6软件。

2. Edit（编辑）菜单

Edit（编辑）菜单提供了常用的编辑命令，如撤销、重做、复制、粘贴等操作，如图2-19所示。

- Undo（撤销）：恢复到上一步的步骤。取消的次数可以是无限次的，它的次数限制仅仅取决于电脑的内存大小，内存越大则可以撤销的次数越多，撤销的次数可以在选项设置中调整。
- Redo（重做）：重做恢复的操作。
- Cut（剪切）：将选择的内容剪切掉并存在剪贴板中，以供粘贴使用。
- Copy（复制）：复制选取的内容并存到剪贴板中，对原有的内容不做任何修改。
- Paste（粘贴）：将剪贴板中保存的内容粘贴到指定的区域中，可以进行多次粘贴。
- Paste Insert（粘贴插入）：将复制到剪贴板上的剪辑插入到时间指示点。
- Paste Attributes（粘贴属性）：通过复制和粘贴操作，把素材的效果、透明度设置、淡化器设置、运动设置等属性传递给另外的素材。
- Clear（清除）：清除所选内容。
- Ripple Delete（波纹删除）：可以删除两个剪辑之间的间距，所有未锁定的剪辑就会通过移动来填补这个空隙。
- Duplicate（副本）：创建素材的副本文件。
- Select All（全选）：选择当前窗口中的所有素材。
- Deselect All（取消全选）：取消当前窗口中的全部选择。

图2-19　Edit（编辑）菜单

- Find（查找）：在项目素材窗口中寻找相对应的素材。
- Find Faces（查找面部）：分析并定义素材中的面部图像数据，并对这些面部图像进行搜索。
- Label（标签）：改变标签的颜色选项。单击图标▶弹出下拉菜单，在菜单中为选择的素材设置不同的颜色标记。
- Edit Original（编辑原始素材）：打开产生素材的应用程序，对其进行编辑。
- Edit in Adobe Audition（在Audition中编辑）：Premiere Pro CS6可以导入由Audition生成的音频文件，并可以通过此命令在Audition中继续对导入到Premiere Pro CS6中的音频素材进行再编辑。

> 🔍 **提 示**
>
> Premiere Pro CS6并不支持导入音乐CD中的CDA格式文件作为音频素材使用，可以通过Audition将CDA格式文件转换为WAV等格式，再导入Premiere Pro CS6中进行编辑。

- Edit in Adobe Photoshop（在Photoshop中编辑）：通过这个命令可以直接启动Photoshop软件，在Photoshop软件中对当前素材进行编辑处理。
- Keyboard Shortcuts（自定义键盘）：可以分别对应用程序、窗口、工具进行键盘快捷键设置，如图2-20所示。
- Preferences（首选项）：根据不同需求，对软件的参数进行个性化设置，单击图标▶出现子菜单，选择其中任意一项打开Preferences（首选项）设置窗口，如图2-21所示。

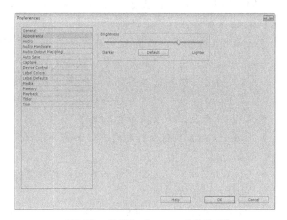

图2-20　自定义快捷键　　　　　图2-21　设置Preferences（首选项）

3. Project（项目）菜单

Project（项目）菜单用于对工作项目的设置及对工程素材库的一些操作，如图2-22所示。

- Project Settings（项目设置）：可以使用户在工作过程中更改项目设置，单击图标▶出现子菜单，子菜单命令如下。
  - General（常规）：调整项目参数设置。
  - Scratch Disk（暂存盘）：采集视频和音频的保存路径。
- Link Media（链接媒体）：在项目素材窗口中为脱机文件链接硬盘上的视频素材。
- Make Offline（造成脱机）：弹出Make Offline（造成脱机）对话框，如图2-23所示。对话框中各选项说明如下。

图2-22　Project（项目）菜单　　　　图2-23　Make Offline（造成脱机）对话框

- ■ Media Files Remain on Disk（在硬盘上保留媒体文件）：当选择的在线文件变成脱机文件时，使源素材保留在硬盘上。
- ■ Media Files Are Deleted（删除硬盘上的源素材）：当选择的在线文件变成脱机文件时，删除硬盘上的源素材。
- Automate to Sequence（自动匹配到序列）：自动将项目窗口选择的素材或素材文件夹添加到序列中，当项目窗口中的素材按图表方式显示时会提高工作效率。
- Import Batch List（导入批处理列表）：导入批量列表。批量列表是指标记磁带号、入点、出点、素材片段名称及注释等信息的.txt（文本）文件或.csv（逗号分隔值文件）文件。
- Export Batch List（导出批处理列表）：将项目窗口中的信息输出成批量列表。
- Project Manager（项目管理）：将项目文件以及项目中包含的视频、音频等素材文件进行打包处理，方便项目数据保存与交换。
- Remove Unused（移除未使用素材）：将未使用的素材从序列中删除。

4. Clip（素材）菜单

Clip（素材）菜单是Adobe Premiere Pro CS6中十分重要的菜单，Adobe Premiere Pro CS6中剪辑影片的大多数命令都包含在这个菜单中，如图2-24所示。

菜单中部分命令说明如下。

- Rename（重命名）：对素材文件进行重命名，不影响素材源文件的名称。
- Make Subclip（制作子剪辑）：将序列中的某一段素材提取出来作为新的素材存放于Project（项目）窗口中。
- Edit Subclip（编辑子剪辑）：对子剪辑进行编辑、改变入点和出点等属性。
- Edit Offline（编辑脱机文件）：对脱机文件的各项参数进行设置。
- Source Settings（源设置）：打开某些特定类型素材（如使用RED DIGITAL CINEMA REDCINE-X™摄像机拍摄的.rid文件）的原始参数设置面板，对素材的原始参数进行设置。

图2-24　Clip（素材）菜单

- Modify（修改）：修改素材的音频通道属性、自定义素材的帧速率、像素比、场序以及Alpha通道、定义时间码。
- Video Options（视频选项）：调节视频的各种选项，包括以下几项设置。
  - ■ Frame Hold（帧定格）：使一个剪辑中的入点、出点或标记点的帧保持静止。
  - ■ Field Options（场选项）：在使用视频素材时，会遇到交错视频场的问题。它会严重影响最后的合成质量，通过设置场的有关选项来纠正错误的场顺序，得到较好的视频合成效果。

- ■ Frame Blend（帧融合）：启用帧融合技术。帧融合技术用来解决视频素材快放和慢放所产生的问题。
- ■ Scale to Frame Size（缩放为当前画面大小）：将素材文件的画面大小调整为当前序列的画面大小。
- Audio Options（音频选项）：进行调节音量、提取音频素材等设置。
- Analyze Content（分析内容）：分析当前选择的素材的内容。
- Speed/Duration（速度/持续时间）：对素材的速度或时长进行调整。
- Remove Effects（移除特效）：删除当前选择的素材上已经添加的特效。
- Capture Settings（采集设置）：设置素材采集的基本参数。
- Insert（插入）：将选择的剪辑插入到当前视频轨道中，插入位置的素材向后移动。
- Overwrite（覆盖）：用选择的剪辑覆盖另一个剪辑中的部分帧，不改变剪辑的时长。
- Replace Footage（替换素材）：对当前所选择的素材进行替换，包括从源监视器、素材源监视器和匹配帧三种替换方式中，选择替换素材的来源。
- Replace With Clip（替换剪辑）：对当前所选择的剪辑过的素材进行替换，包括从源监视器、素材源监视器和匹配帧三种替换方式中，选择替换素材的来源。
- Enable（激活）：激活当前所选择的素材。只有被激活的素材才会在Program（节目）监视窗口中显示。
- Link（链接视音频）：将独立的视音频素材链接在一起。链接素材后，该命令变为解除视音频链接命令Unlink（解除视音频链接），可以将链接的视音频素材解除链接。
- Group（编组）：将Sequence（序列）窗口中选择的文件进行编组。
- Ungroup（取消编组）：将成组的文件进行解组。
- Synchronize（同步）：对序列中的多段素材进行同步设置。
- Nest（嵌套）：将一个Sequence（序列）作为素材置入另一个Sequence（序列）中。
- Multi-Camera（多机位模式）：模拟现场直播中多机位切换的效果。

5. Sequence（序列）菜单

Sequence（序列）菜单包含Adobe Premiere Pro CS6中对序列进行编辑的各项命令，如图2-25所示。

菜单中部分命令说明如下。

- Sequence Settings（序列设置）：设置视频和音频的画面大小、像素、显示格式以及预览文件格式。
- Render Effects in Work Area（渲染工作区域内的特效）：用内存对序列工作区中的合成序列进行渲染预览。
- Render Entire Work Area（渲染完整工作区域）：完整渲染整个工作区域。
- Render Audio（渲染音频）：只渲染剪辑中的音频效果。
- Delete Render Files（删除渲染文件）：删除内存渲染文件。
- Delete Work Area Render Files（删除工作区域的渲染文件）：删除完成的工作区域渲染文件。
- Add Edit（添加编辑）：对选择的轨道添加编辑。

图2-25　Sequence（序列）菜单

- Add Edit to All Tracks（添加编辑至全部轨道）：对所有轨道添加编辑。
- Apply Video Transition（应用视频转场特效）：将Effects（特效）窗口中选中的视频特效应用到剪辑中。
- Apply Audio Transition（应用音频转场特效）：作用与Apply Video Transition（应用视频转场特

效）命令相似。

- Apply Default Transitions to Selection（应用默认视频转场特效到当前选择）：应用默认视频转场特效到当前选择，默认情况下是Cross Dissolve（交叉叠化）特效。
- Lift（提升）：从影片中删除部分帧，删除的部分留下空隙。
- Extract（提取）：从影片中删除部分帧但不留下空隙。
- Zoom In（放大）：时间显示间隔放大。
- Zoom Out（缩小）：时间显示间隔缩小。
- Go to Gap（跳转间隔）：将时间线指针定位到序列或者轨道中的间隔位置上（素材之间未衔接的空白位置）。
- Snap（吸附）：靠近边缘的地方自动向边缘处吸附。
- Normalize Master Track（标准化主要音频轨道）：对主轨道音频的音量进行标准化设置。
- Add Tracks（添加轨道）：增加视频和音频的编辑轨道。
- Delete Tracks（删除轨道）：删除视频和音频的编辑轨道。

6. Marker（标记）菜单

Marker（标记）菜单主要包含了对标记点进行设置的各项命令，如图2-26所示。

菜单中的部分命令说明如下。

图2-26　Marker（标记）菜单

- Mark In（标记入点）：设置素材视频和音频的入点。
- Mark Out（标记出点）：设置素材视频和音频的出点。
- Mark Clip（素材标记）：为素材添加标记。
- Mark Selection：标记选择的素材。
- Go to In（跳转至标记点入点）：跳转至素材的标记点入点。
- Go to Out（跳转至标记点出点）：跳转至素材的标记点出点。
- Clear In（清除入点）：清除素材中的标记点入点。
- Clear Out（清除出点）：清除素材中的标记点出点。
- Clear In and Out（清除入点和出点）：清除素材中的标记点入点和出点。
- Add Marker（添加标记）：在素材中添加标记点。
- Go to Next Marker（跳转至下一个标记）：系统根据已有的标记点序号，自动设置下一个标记点的序号。
- Go to Previous Marker（跳转至前一个标记）：系统根据已有的标记点序号，自动设置前一个标记点的序号。
- Clear All Markers（清除所有标记）：设置清除时间线指针所在位置的序列标记点、所有标记点、序列标记点的入点和出点以及指定序号的剪辑标记点。
- Edit Marker（编辑标记）：对标记的注释、持续时间、章节名等项目进行设置，以区别不同的标记。
- Add Encore Chapter Marker（设置Encore章节标记）：在编辑标识线的位置添加一个Encore章节标记。
- Add Flash Cue Marker（设置Flash提示标记）：设置输出为Flash文件时的提示标记点。

7. Title（字幕）菜单

Title（字幕）菜单中的命令用于设置字幕的字体、尺寸、对齐方式等，这个菜单的大部分命

令平时是灰色、不可操作的，当新建或者打开一个字幕时，这个菜单的大部分命令就可以使用了，如图2-27所示。

菜单中各项命令的说明如下。

- New Title（新建字幕）：新建一段字幕。单击图标▶将弹出如图2-28所示的子菜单，各项说明如下。

图2-27　Title（字幕）菜单

图2-28　New Title（新建字幕）菜单

- Default Still（默认静态字幕）：创建默认静态字幕。
- Default Roll（默认滚动字幕）：创建默认滚动字幕，包括水平滚动和垂直滚动。
- Default Crawl（默认游动字幕）：创建默认游动字幕。
- Based on Current Title（基于当前并新建字幕）：基于当前选择的字幕创建一个新字幕。
- Based on Template（基于模板）：打开字幕模板对话框，从模板中选择一个字幕模板。
- Font（字体）：设置字幕文字的字体，显示所有已经安装的字体列表。
- Size（大小）：设置被选文字的大小尺寸。
- Type Alignment（输入对齐）：设置文字的对齐方式。
- Orientation（方向）：设置文字的横排或者竖排方向。
- Word Wrap（自动换行）：设置文字根据自定义文本框自动换行。
- Tab Stops（停止跳格）：文字跳格是一种对齐方式，类似于在Word软件中无线表格的制作方法。
- Templates（模板）：系统提供许多字幕的模板，帮助用户方便地创建字幕。
- Roll/Crawl Options（滚动/游动选项）：字幕垂直移动为竖滚；字幕水平移动为横滚。
- Logo（标记）：将图案作为图标的形式插入到文字中。
- Transform（变换）：进行位置、缩放、旋转、不透明度的设置。
- Select（选择）：当有多个对象存在时，通过该命令可方便地对对象进行选择。
- Arrange（排列）：当有多个对象存在时，通过该命令控制它们的排列顺序。
- Position（位置）：调整字幕对象的位置，包括水平居中、垂直居中和上下1/3处。
- Align Objects（排列对象）：进行对齐方式的设置。
- Distribute Objects（分布对象）：设置对象沿垂直轴或水平轴的分布方式。
- View（查看）：用来控制字幕窗口中的显示情况，在字幕窗口中也有相应的控制按钮和菜单命令。

8. Windows（窗口）菜单

Windows（窗口）菜单主要包含设置显示或关闭各个窗口的命令，如图2-29所示。
菜单中部分命令的说明如下。

● Workspace（工作区）：定制工作空间设置，其子菜单如图2-30所示，部分项说明如下。

图2-29　Windows（窗口）菜单　　　　　　图2-30　Workspace（工作区）菜单

- Audio（音频）：设置为比较容易编辑音频的工作界面布局。
- Color Correction（色彩校正）：设置为比较容易调色的工作界面布局。
- Editing（编辑）：设置为比较容易进行视频编辑的工作界面布局。
- Effects（特效）：设置为比较容易进行特效调节的工作界面布局。
- Metalogging（元数据记录）：设置为比较容易查看元素元数据的工作界面布局。
- 编辑：以编辑模式来定制Premiere的工作空间。
- New Workspace（新建工作区）：可以根据自己的操作习惯来新建一个界面显示模式。
- Delete Workspace（删除工作区）：可以删除新建的或不再需要的工作空间。
- Reset Current Workspace（重置当前工作区）：使用该命令可以使界面回到默认的工作模式。
- Import Workspace from Projects（导入项目中的工作区设置）：当打开一个项目时，自动读取这个项目包含的工作界面布局设置，默认为勾选状态。

● Audio Meters（主音频计量器）：显示或关闭主音频计量器。

● Audio Mixer（调音台）：显示或关闭调音台。

● Capture（采集）：显示或关闭采集窗口。

● Effect Controls（特效控制）：显示或关闭特效控制窗口。

● Effects（特效）：显示或关闭特效窗口。

● Events（事件）：显示或关闭事件窗口。

● History（历史）：显示或关闭历史窗口。

創意大学
Premiere Pro CS6标准教材

- Info（信息）：显示或关闭信息面板。
- Markers（标记）：显示或关闭标记窗口。
- Media Browser（媒体浏览器）：显示或关闭媒体浏览器。
- Metadata（元数据）：显示或关闭元数据面板。
- Multi-Camera Monitor（多机位监视器）：显示或关闭多机位监视器。
- Options（选项）：显示或关闭选项窗口。
- Program Monitor（影片监视器）：显示或关闭影片监视器。
- Project（项目）：显示或关闭项目窗口。
- Reference Monitor（参考监视器）：显示或关闭参考监视器。
- Source Monitor（源素材监视器）：显示或关闭源素材监视器。
- Timecode（时间码）：显示当前时间指针的位置。
- Timelines（时间线）：显示或关闭时间线窗口。
- Title Actions（字幕动作）：显示或关闭字幕动作窗口。
- Title Designer（字幕设计器）：显示或关闭字幕设计器窗口。
- Title Properties（字幕属性）：显示或关闭字幕属性窗口。
- Title Styles（字幕样式）：显示或关闭字幕样式窗口。
- Title Tools（字幕工具）：显示或关闭字幕工具窗口。
- Tools（工具）：显示或关闭工具面板。
- Trim Monitor（修正监视器）：显示或关闭修正监视器。
- VST Editor（VST编辑器）：显示或关闭VST编辑器。

9. Help（帮助）菜单

Help（帮助）菜单方便用户阅读Adobe Premiere Pro CS6的帮助文件、连接Adobe官方网站或者寻求在线帮助等，如图2-31所示。

图2-31 Help（帮助）菜单

2.4.2 工作窗口

在New Sequence（新建序列）对话框设置完毕后，单击OK按钮即可进入软件的工作界面，软件的工作界面包含众多的编辑窗口。

1. Project（项目）窗口

Project（项目）窗口分为三部分，上部是素材预演和属性显示区域，中部是素材管理区，下部是命令图标区域，如图2-32所示。

窗口中各命令图标的说明如下。

- List View（列表视图）按钮：以列表的形式显示素材。
- Icon View（缩略视图）按钮：以缩略图的形式显示素材。
- Automate to Sequence（自动添加至序列）按钮：单击后弹出Automate to Sequence

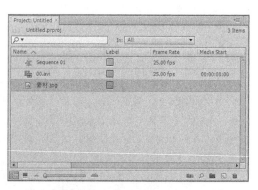

图2-32 Project（项目）窗口

28

（自动添加至序列）对话框，单击OK按钮，将素材自动添加到Sequence（序列）窗口中。

- Find（查找）按钮：单击后打开Find（查找）对话框，输入关键词来查找列表中的素材。
- New Bin（新建文件夹）按钮：增加一个文件夹，对素材进行分类存放。
- New Item（新建分项）按钮：单击该按钮，出现下拉菜单，可以新建Sequence（序列）、Offline File（脱机文件）、Title（字幕）、Bars and Tone（彩条）、Black Video（黑场）、Color Matte（彩色蒙版）、Universal Counting Leader（通用倒计时片头）以及Transparent Video（透明视频）。
- Clear（清除）按钮：清除所选择的素材或者文件夹。

2. Source（源素材）监视窗口和Program（节目）监视窗口

Adobe Premiere Pro CS6默认有两个监视窗口，为Source（源素材）监视窗口和Program（节目）监视窗口，如图2-33所示。监视窗口具有多种功能，其显示模式也有多种，可以根据用户的编辑习惯和需要进行调整。

启动Adobe Premiere Pro CS6软件，新建一个项目并导入一段素材。在Project（项目）窗口中双击素材，素材会在Source（源素材）监视窗口中显示，将素材拖入Sequence（序列）窗口中，素材会自动显示在Program（节目）监视窗口中。

图2-33　Source（源素材）监视窗口和Program（节目）监视窗口

在Source（源素材）监视窗口和Program（节目）监视窗口的下方都有相似的工具条，如图2-34所示。利用这些工具控制素材的播放，确定素材的入点和出点后，再把素材加入Sequence（序列）窗口中，并且对素材设定标记等。

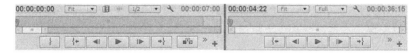

图2-34　工具条

> **提 示**
>
> 在监视窗口中可以单击Button Editor（按钮编辑器）按钮，查看全部按钮；选择需要的按钮将其拖至工具栏中，即可添加按钮。

监视窗口工具按钮的说明如下。

- ▶ 和 ■：拖放和停止按钮，两者是转场关系，按空格键能实现相同的功能。
- ▶ 和 ◀：前进一个帧和后退一个帧。
- 和：跳到下一个标记点和跳到前一个标记点。

单击 ⊞ 按钮，弹出的按钮列表。

- ⊮ 和 ⊯：跳到下一个编辑点和跳到前一个编辑点。
- ⟳：循环播放按钮。
- ⊞：显示安全区域。
- ⊡：输出单帧。
- ⟨ 和 ⟩：设置素材入点和出点。
- ▼：在当前播放位置设置一个非数字标记。
- ⟨ 和 ⟩：跳转到素材入点或者出点。
- ⟫：播放入点和出点标记之间的素材片段。
- Fit ▼：从下拉列表的选项中选择素材显示的大小比例。
- ⊞：将源视图的当前素材插入Sequence（序列）窗口所选轨道上。
- ⊟：将源视图的当前素材覆盖到Sequence（序列）窗口所选轨道上。
- ⊞：将Sequence（序列）窗口中设置了出点和入点的素材片段删除，其位置保持空白。
- ⊞：将Sequence（序列）窗口中设置了出点和入点的素材片段删除，其位置由后续素材补充。
- ⊞：单击该按钮，在弹出的按钮列表中，将图标按钮拖至工具条中，然后单击OK按钮添加图标。

3. Sequence（序列）窗口

Sequence（序列）窗口是Adobe Premiere Pro CS6进行视频、音频编辑的重要窗口之一，一般的编辑工作（包括添加视频特效、音频特效和音频/视频转场特效的操作）都可以在Sequence（序列）窗口中进行，如图2-35所示。

图2-35　Sequence（序列）窗口

🔍 **提 示**

Sequence（序列）窗口就是Timeline（时间线）窗口。当项目中没有序列的时候，窗口左上角的文字显示为Timeline（时间线）；当项目中创建了序列之后，窗口左上角的文字就显示为Sequence 01（序列01）、Sequence 02（序列02）等。

在Sequence（序列）窗口中有多个快捷按钮，其说明如下。

- ⊞：吸附按钮，在时间线轨道上调整素材位置时，自动吸附到最近的素材边缘或者时间线指针上。
- ⊞：设置符合Adobe Encore软件标准的章节标记按钮。
- ▼：设置编号标记按钮。
- ◉：轨道显示模式按钮。设置视频轨道的可视属性，当图标为 ◉ 时，视频轨道为可视；当图标为 图 时，视频轨道为不可视。
- 🔒：锁定属性按钮，设置轨道可编辑性，当轨道被锁定时，轨道上被蒙上一层斜线并且无法进行操作。
- ▶：展开属性按钮。展开或隐藏下属视频轨道工具栏和音频轨道工具栏。
- ▦：设置显示方式按钮。调整轨道素材显示方式，共有以下四种，如图2-36所示。
  - Show Head and Tail（显示起始帧和结束帧）：在Sequence（序列）窗口中只显示轨道素材

的起始帧和结束帧，如图2-37所示。

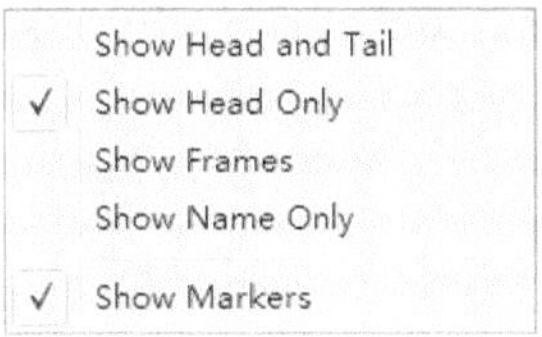

图2-36　轨道素材显示方式下拉菜单

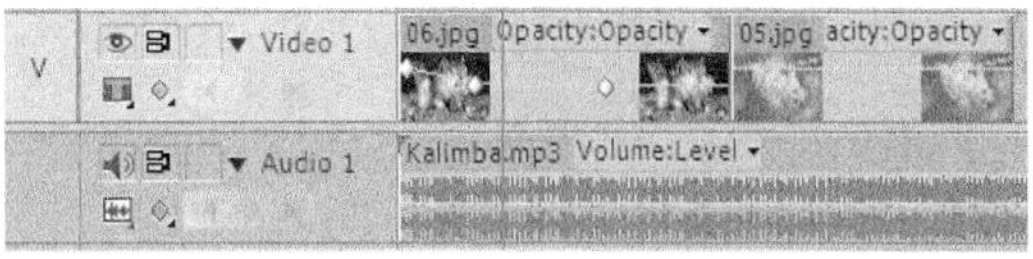

图2-37　显示起始帧和结束帧

- Show Head Only（仅显示开头）：在Sequence（序列）窗口中只显示轨道素材的起始帧，如图2-38所示。
- Show Frames（显示每一帧）：在Sequence（序到）窗口中显示轨道素材的每一帧，如图2-39所示。

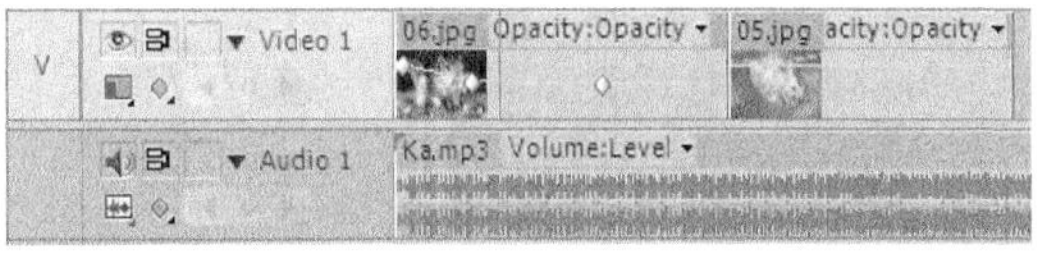

图2-38　仅显示起始帧

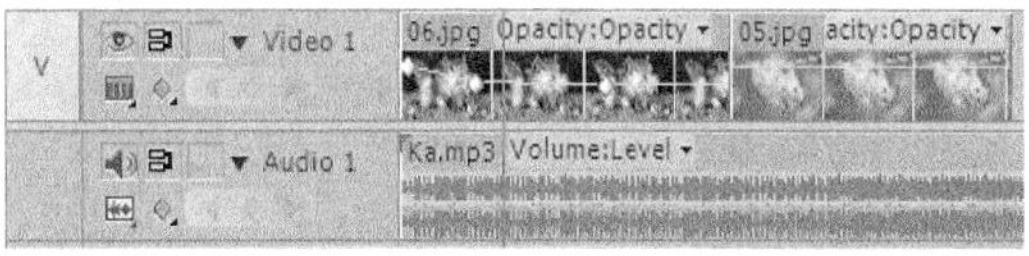

图2-39　显示每一帧

- Show Name Only（仅显示名称）：在Sequence（序列）窗口中只显示素材名称，如图2-40所示。
- Show Markers（显示标记）：在Sequence（序列）窗口中只显示素材标记点。

- ：关键帧显示模式按钮，显示轨道中对素材设置的关键帧。下拉菜单中有多个选项，如图2-41所示，菜单中各选项的说明如下。

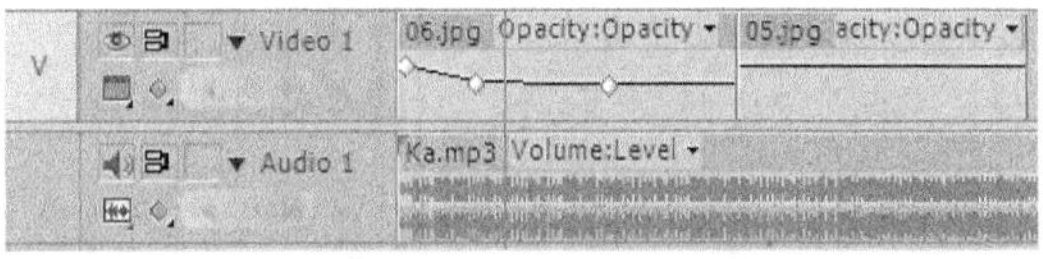

图2-40　仅显示素材名称

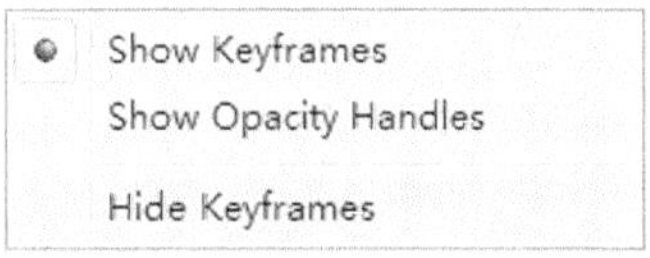

图2-41　关键帧显示模式下拉菜单

- Show Keyframes（显示关键帧）：显示素材上的关键帧。
- Show Opacity Handles（显示透明度控制）：在轨道中的素材上只显示透明度的关键帧，并可以对关键帧进行设置.
- Hide Keyframes（隐藏关键帧显示）：隐藏素材上所有设置过的关键帧。

- ：跳到下一个关键帧按钮。设置时间线指针定位在被选素材轨道上的下一个关键帧上。
- ：设置关键帧按钮，对轨道上的素材进行添加或删除关键帧的设置。
- ：跳到前一个关键帧按钮，设置时间线指针定位在被选素材轨道上的上一个关键帧上。
- ：音频静音开关按钮。当图标为时声音输出被打开；当图标为时，则关闭声音。
- ：显示方式转场按钮，对音频轨道素材的显示方式进行调整，如图2-42所示，菜单中各选项说明如下。
  - Show Waveform（显示波形）：显示音频轨道的声音波形。
  - Show Name Only（仅显示名称）：在音频轨道上只显示音频的名称。
  - Show Markers（显示标记）：在Sequence（序列）窗口中只显示素材标记点。

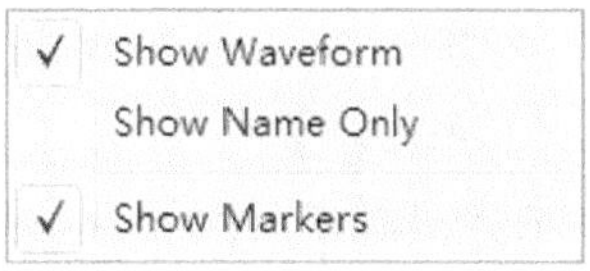

图2-42　音频显示方式下拉菜单

- ：关键帧与音量显示方式切换按钮，对声音的关键帧和音量显示进行设置，如图2-43所示，菜单中各选项的说明如下。

- Show Clip Keyframes（显示素材关键帧）⬛：在轨道中显示素材关键帧，当选择该项时，在素材轨道上单击按钮▼，弹出下拉菜单，可以选择设置关键帧的模式Bypass（旁通）或者Level（级别）模式，如图2-44所示。

图2-43 关键帧与音量显示方式下拉菜单　　　　　图2-44 显示素材关键帧选项

- Show Clip Volume（显示素材音量）⬛：在轨道中显示素材音频的音量，并可以调节关键帧，如图2-45所示。
- Show Track Keyframes（显示轨道关键帧）⬛：可以对音频轨道设置关键帧，如图2-46所示。

图2-45 显示素材音量　　　　　图2-46 显示轨道关键帧

- Show Track Volume（显示轨道音量）⬛：可以对轨道的音量进行调节，如图2-47所示。
- Hide Keyframes（隐藏关键帧）⬛：隐藏素材上所有设置过的关键帧，如图2-48所示。

图2-47 显示轨道音量　　　　　图2-48 隐藏关键帧

- ▶：跳转到下一个关键帧。设置时间指针跳转至音频素材轨道上的下一个关键帧上。
- ⬤：设置关键帧。在当前时间线指针的位置上，设置轨道上被选择声音素材当前位置的关键帧。
- ◀：跳到前一个关键帧：设置时间线指针定位在被选声音素材轨道上的上一个关键帧上，主要的编辑工作包括添加视频特效和音频视频的切换都在Sequence（序列）窗口中进行。

在Adobe Premiere Pro CS6中可以方便地增加或删除视频轨道和音频轨道，具体操作步骤如下。

1）添加轨道

在菜单栏中选择Sequence（序列）| Add Tracks（添加轨道）命令，弹出Add Tracks（添加轨道）对话框，如图2-49所示，单击OK按钮，添加轨道完成。

2）删除轨道

在菜单栏中选择Sequence（序列）| Delete Tracks（删除轨道）命令，弹出Delete Tracks（删除轨道）对话框，如图2-50所示，单击OK按钮，删除轨道完成。

在Sequence（序列）窗口中选择素材片段，然后单击鼠标右键弹出快捷菜单，如图2-51所示。

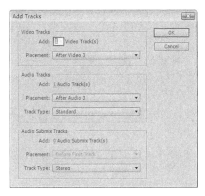

图2-49　添加轨道

图2-50　删除轨道

图2-51　快捷菜单

在快捷菜单中可以对被选中的视频片段进行Cut（剪切）、Copy（复制）、Paste Attributes（粘贴属性）、Clear（清除）、Ripple Delete（波纹删除）、Replace With Clip（素材替换）、Enable（激活）、Group（编组）、Ungroup（取消编组）、Synchronize（同步）、Nest（嵌套）、Multi-Camera（多机位）、Speed/Duration（速度/持续时间）、Remove Effects（移除特效）、Frame Hold（帧定格）、Field Options（场选项）、Frame Blend（帧融合）、Scale to Frame Size（缩放为当前画面大小）、Rename（重命名）、Reveal in Project（在项目中早示）、Edit Original（编辑原始资源）、Edit in Adobe Photoshop（在Adobe Photoshop中编辑）、Replace With After Effects Composition（替换为After Effects合成图像）、Properties（属性）、Show Clip Keyframes（显示素材关键帧）等操作。

4. Audio Mixer（调音台）窗口

Audio Mixer（调音台）窗口可以有效地调节影片的音频，可以实时混合各轨道的音频对象。用户可以在Audio Mixer（调音台）窗口中选择相应的音频控制器进行调节，控制Sequence（序列）窗口中对应轨道的音频对象。在菜单栏中选择Windows（窗口）| Audio Mixer（调音台）命令，打开Audio Mixer（调音台）窗口，如图2-52所示。Audio Mixer（调音台）的操作方法会在后面章节详细讲述。

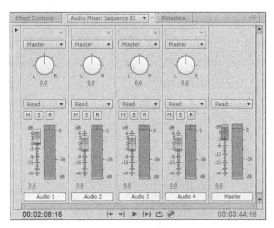

图2-52　Audio Mixer（调音台）窗口

5. Tools（工具）面板

Tools（工具）面板中包含调节Sequence（序列）窗口中素材剪辑片段和动画关键帧的工具，如图2-53所示。

图2-53　Tools（工具）面板

创意大学
Premiere Pro CS6标准教材

> 🔍 **提 示**
>
> 单击并拖动Tools（工具）面板左侧的按钮，可以将Tools（工具）面板中各个工具的排列方式自由地改变为纵向排列或横向排列。

各个工具的说明如下。

- Selection Tool（选取工具）🔖：用于选择、移动、调节对象关键帧和淡化线，为素材片段设置入点和出点等基础操作。
- Track Select Tool（轨道选取工具）▦：用于选择轨道上的所有素材片段。
- Ripple Edit Tool（波纹编辑工具）▥：拖动素材片段的出点可以改变素材片段的长度，而相邻素材片段的长度不变，影片的总时长改变。
- Rolling Edit Tool（滚动编辑工具）▦：在需要剪辑的素材片段边缘拖动，增加到该片段的帧数会从相邻的片段中减少。
- Rate Stretch Tool（速率伸缩工具）▨：用于对素材片段进行相应地速度调整，以改变素材片段的长度。
- Razor Tool（剃刀工具）▧：用于分割素材片段。选择Razor Tool（剃刀工具）单击素材片段，会将对象分为两段，产生新的入点与出点。
- Slip Tool（错落编辑工具）▦：改变一段素材片段的入点与出点，保持其总长度不变，并且不影响相邻的其他素材片段。
- Slide Tool（滑动编辑工具）▦：总长度不变，选择移动的素材片段的长度不变，但会影响相邻素材片段的出、入点和长度。
- Pen Tool（钢笔工具）▨：用于框选、移动和添加动画关键帧，并且可以调整轨道上素材画面的不透明度。
- Hand Tool（手形把握工具）▨：用于左右平移时间线。
- Zoom Tool（缩放工具）▨：可以放大和缩小时间显示单位，按住Ctrl键可以缩小素材。

6. History（历史）窗口与Info（信息）面板

History（历史）窗口可以记录用户的操作步骤。在History（历史）窗口中单击需要返回的操作步骤，用户可以随时恢复到前面若干步的操作，如图2-54所示。

在进行编辑工作过程中，按Ctrl+Z组合键可以恢复为历史窗口中当前动作的上一步；按Ctrl+Shift+Z组合键可以恢复为历史窗口中当前动作的下一步；可以选择并删除History（历史）窗口中的某个动作，但其后的动作也将一并被删除；但是不可选择或者删除History（历史）窗口中任意几个不相邻的动作。

在Info（信息）面板中可以显示素材文件等编辑元素的相关信息，如图2-55所示。

图2-54　History（历史）窗口

图2-55　Info（信息）面板

34

7. Effects（特效）窗口与Effect Controls（特效控制）窗口

Effects（特效）窗口与Effect Controls（特效控制）窗口是相互关联的，当用户在Effects（特效）窗口中选择了一个特效并为素材添加后，在对所添加的特效进行调整时，需要在Effect Controls（特效控制）窗口中进行。

1）Effects（特效）窗口

选择Windows（窗口）| Effects（特效）命令，切换至Effects（特效）窗口，其中包含了Presets（预置）、Audio Effects（音频特效）、Audio Transitions（音频转场特效）、Video Effects（视频特效）和Video Transitions（视频转场特效）五个文件夹，如图2-56所示。

单击窗口下方的New Custom Bin（新建分类夹）按钮█，可以新建自定义容器，用户可将常用的特效放置在自定义容器中，便于制作中的使用。当用户使用某一特效时，可以在文本框中直接输入特效名称，即可找到所需的特效。

单击Clear（清除）按钮█，可以将选择的特效删除，但是不能够删除软件自带的特效。

2）Effect Controls（特效控制）窗口

在菜单栏中选择Windows（窗口）| Effect Controls（特效控制）命令，切换至Effect Controls（特效控制）窗口，其中包含Motion（运动）、Opacity（不透明度）、Time Remapping（时间重置）、Volume（音量）以及转场和特效等设置，如图2-57所示。

图2-56　Effects（特效）窗口

图2-57　Effect Controls（特效控制）窗口

2.5　本章小结

本章主要介绍了在学习Premiere Pro CS6前需要掌握的一些基础知识，其中包括安装Premiere Pro CS6时的配置要求，安装、启动与退出Premiere Pro CS6的方法，以及对工作界面的详细介绍。

- Premiere Pro CS6的安装的版本要求操作系统必须是64位，因此，要求用户的操作系统必须为Windows Vista或Windows 7（在Windows XP下不能安装）。
- 将Premiere Pro CS6的安装光盘放入计算机的光驱中，双击Set-up.exe，运行安装程序，首先进行初始化，初始化完成后弹出欢迎对话框，单击"安装"选项；在弹出的Adobe软件许可协议对话框中阅读Premiere Pro CS6的许可协议，并单击"接受"按钮；在弹出的对话框中输入序列号，并单击"下一步"按钮；在弹出的选项对话框中设置产品的安装路径，单击"安装"按钮即可弹出安装进度对话框；安装完成后，则会弹出安装完成对话框，最后单击"关闭"按钮。

- 在程序菜单选择Premiere Pro CS6命令或者双击桌面图标█，即可打开Premiere Pro CS6软件。在菜单栏中选择File（文件）| Exit（退出）命令（或按Ctrl+Q组合键），即可退出Premiere Pro CS6。
- Premiere Pro CS6中共提供了9组菜单选项，包括File（文件）菜单、Edit（编辑）菜单和Project（项目）菜单等；常用的工作窗口包括Project（项目）窗口、Sequence（序列）窗口和Audio Mixer（调音台）窗口等。

2.6 课后习题

1. 选择题

（1）在Window7系统下，安装Premiere Pro CS6需要（　）位操作系统。

A. 32　　　　　　　　　　　　　B. 64

C. 60　　　　　　　　　　　　　D. 78

（2）退出Premiere Pro CS6程序的快捷键为（　）

A. Ctrl+I　　　　　　　　　　　B. Shift+Q

C. Ctrl+Q　　　　　　　　　　　D. Alt+Ctrl+Q

2. 填空题

（1）_____菜单中命令主要用来创建、打开或存储文件或项目等操作。

（2）在Marker（标记）菜单中，选择_____命令，可以为素材视频和音频添加入点。

3. 判断题

（1）Premiere Pro CS6程序可以在Windows XP系统下安装。（　）

（2）在线服务不需要宽带Internet连接。（　）

（3）Effects（特效）窗口与Effect Controls（特效控制）窗口是相互关联的。（　）

第3章
DV视频素材的采集

　　从工作流程来看，视频素材的采集是具体编辑前的一个准备性工作。本章将主要来介绍一下在采集视频时对硬件的要求，以及采集视频的方法等。

学习要点

- 了解视频素材的基础知识和视频采集的硬件要求
- 认识Capture（采集）对话框
- 了解模拟视频素材的采集
- 了解DV视频素材的采集

3.1 视频素材

Premiere Pro CS6是一个视音频编辑软件。从根本上说，它所编辑的是一些已经存在的视频、音频素材。输入原始视频素材到计算机硬盘有两种方式，即外部视频输入和软件视频素材输入。其中，软件视频素材输入较为简单，外部视频输入则有一定的硬件要求和技术要求。

（1）外部视频输入是将摄像机、放像机及VCD机等的视频素材输入到计算机硬盘上。

（2）软件视频素材输入是把一些由应用软件如3ds max、Maya等制作的动画视频素材输入到计算机硬盘上。

3.1.1 DV视频和模拟视频

一般说来，生活中常见的家用微型便携式摄像机记录的信号是数字信号，这种摄像机又被称为DV摄像机。鉴于DV摄像机的数字信号便于处理、损耗小等优点，一些专业用的摄像机也有向数字化方向发展的趋势。

> **提 示**
>
> 传统的PAL制式、NTSC制式的视频素材都是模拟信号。计算机处理的视频都是数字信号。外部模拟视频的输入过程就是一个模拟/数字的转换过程，也被称为A/D（模/数）转换。

模拟信号是指在时间和幅度方向上都是连续变化的信号，数字信号是指在时间和幅度方向上都是离散的信号。模拟/数字转换分为两步：第一步是把信号转换为时间方向离散的信号，而每一个离散信号在幅度方向连续；第二步是把这样的信号转换为时间、幅度方向都是离散的数字信号。第一步过程被称为采样，第二步过程被称为量化。

采样是根据频率的时钟脉冲，获得该时刻的信号幅度值。把每一秒所采样的时钟频率数目称为采样频率，采样频率越高，效果越好，但需要的存储空间也越大。采样获得的信号在幅度方向上是在这一范围内连续的值。

> **注 意**
>
> 奈奎斯特采样定理描述了采样的频率应该满足的条件：令f为所采样信号的最高变化频率，那么采样频率必须不低于$2f$，才可以正确地反映原信号。其中，最低的采样频率$2f$被称为奈奎斯特频率。

量化是把采样获得的信号在幅度方向上进一步离散化的过程。在电压信号的变化范围内取一定的间隔，在这个间隔范围内的电压值都被规定为某一个确定值，这样来进行量化。例如，如果在计算机中用4bit编码来表示量化结果，则可以进行16级的量化。把电压的变化范围平均划分为16级电平，每一级对应值分别在0~15之间。

由于一般的视频信号都采用YUV格式，进行量化也是按照各个分量来进行的。人眼对于图像中色度信号的变化不敏感，而对亮度信号的变化敏感。利用这个特性，可以把图像中表达颜色的信号去掉一些，而人眼不易察觉。所以一般U、V信号都可以进行压缩，而整体效果并不差。另外，人眼对于图像细节的分辨能力有一定的限度，从而可以把图像中的高频信号去掉而不易察觉。利用人眼的这些视觉特性进行采样，就有了不同的采样格式。不同的采样格式是指YUV3种信号的打样频率的比例关系不同。它们的比例关系通常采用"Y∶U∶V"的形式表示，常用的采样格式有4∶4∶4、4∶1∶1、4∶2∶2、4∶2∶0等。

3.1.2 视频采集的硬件要求

视频采集需要特定的硬件，同时，采集的视频质量是否足够好很大程度上也取决于计算机硬件的配置。其中视频采集卡、计算机CPU、内存等硬件的作用最为突出。

1. 视频采集卡

视频采集的过程通常是一个A/D转换的过程。这个过程需要特定的硬件，即视频采集卡。视频采集卡是将外部视频信号记录到计算机硬盘的中间媒介。常用的视频采集卡中有独立的视频采集卡，更多是被集成为视音频处理套卡。

使用视频采集卡的另一个原因是在A/D转换中数字视频信号的压缩，前面章节中介绍了视频信号的数据量非常大，在转换的过程中如果没有压缩，一般用户的硬盘难以承受。衡量视频采集卡的标准之一就是是否带有硬压缩，硬压缩就是通过硬件压缩视频文件的数据。如果视频采集卡上有硬压缩，捕捉性能将有很大的提高，例如，带有JPEG压缩的视频采集卡可以有效地采集全部运动的视频。

> **提示**
>
> 视频采集卡的速度越快，视频采集的质量越好，它的速度越快，视频在屏幕上的刷新速度就越快。例如，在30fps的速度下采集视频信号的时候，很多视频采集卡可能只捕捉一帧中的一场，然后把捕捉到的一场复制为全帧。这是速度不够快的视频采集卡采用的一种处理方式，这种方式造成了采集到的信号一定程度上的失真。

2. 计算机CPU、内存

计算机运行的速度越快，视频的采集质量越好。目前能够安装Premiere Pro CS6的计算机的CPU的速度已经可以满足捕捉一般视频的要求。

计算机的内存越大，视频采集的质量越好。内存最好在256MB以上。在视频采集的过程中，为了保证有足够的内存供采集设备使用，应该尽可能地关闭其他的应用程序。

3.2 Capture（采集）对话框

使用Premiere Pro CS6采集外部视频信号是通过视频Capture（采集）对话框来实现的。在菜单栏中选择File（文件）| Capture（采集）命令（或直接按F5键），如图3-1所示，即可打开Capture（采集）对话框，在该对话框中包括状态显示区、预览窗口、参数设置面板、窗口菜单和设备控制面板5个部分，如图3-2所示。

- 状态显示区：显示外部视频信号设备的连接、工作状态及采集的状态等信息。
- 预览窗口：显示所采集的外部视频信号。
- 参数设置面板：用来设置采集的标准、模式等参数。
- 窗口菜单：用来调整窗口的显示方式、工作状态。
- 设备控制面板：用于采集过程开始、结束等的控制。

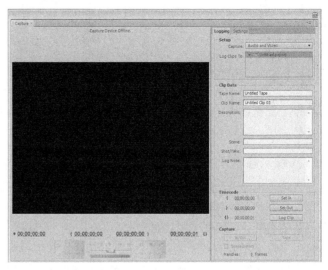

图3-1　选择Capture（采集）命令　　　　　图3-2　Capture（采集）对话框

3.2.1　参数设置面板

参数设置面板包括Logging（记录）选项卡和Settings（设置）选项卡两部分。

1. Logging（记录）选项卡

使用Logging（记录）选项卡可以在源素材中制定需要采集的场景。在这个选项卡中，可以将需要采集片段的出点和入点记载为一个列表，然后使用设备控制面板中的工具自动将这些片段采集下来。Logging（记录）选项卡如图3-3所示。

Logging（记录）选项卡中主要参数的功能介绍如下。

- Setup（设置）：用于设置采集信号的类型和保存位置。
  - Capture（采集）：设置采集信号的类型，允许单独采集视频信号和音频信号，也可以同时采集这两种信号。
  - Log Clips To（记录素材到）：显示采集的视频信号保存的位置。
- Clip Data（素材数据）：允许用户输入文本，简单描述采集的片段以便于分辨。
  - Tape Name（磁带名称）：可以为正在采集的磁带命名。进行批采集时，每更换一次磁带，系统都会提示输入名称。
  - Clip Name（素材名称）：对正在采集的视频片段命名。
  - Description（描述）：可以输入一段文字，对所采集的片段属性做简单的描述。
  - Scene（场景）：记录采集的场景信息。
- Timecode（时间码）：设置采集的开始点、结束点。
  - Set In（设置入点）：设置视频采集的开始位置。
  - Set Out（设置出点）：设置视频采集的结束位置。
  - Log Clip（记录素材）：设置出点和入点之间的长度。

2. Settings（设置）选项卡

Settings（设置）选项卡主要用于设置采集到的素材在磁盘的保存位置，以及采集的控制方式，如图3-4所示。

图3-3 Logging（记录）选项卡　　　图3-4 Settings（设置）选项卡

Settings（设置）选项卡中主要参数功能介绍如下。

- Capture Settings（采集设置）：采集的各项设置都会在这个列表中显示出来，也可以单击Edit（编辑）按钮进行设置上的调整。
- Capture Locations（采集位置）：制定采集的视频、音频片段在计算机上保存的位置。单击Browse（浏览）按钮可以重新设置保存的路径。
- Device Control（设备控制）：用于设置采集的一些参数。
  - Device（设备）：指定采集设备。
  - Options（选项）：单击该按钮，可以在弹出的对话框中对设备参数进行详细的设置。
  - Preroll Time（预卷时间）：设置预卷时间与外部视频输入设备的预卷时间匹配。
  - Abort capture on dropped frames（因丢帧而中断采集）：选中该复选框后，当采集出现丢帧时，系统会自动中断采集。

3.2.2 窗口菜单

单击Capture（采集）对话框右上角的按钮，可以打开窗口菜单。窗口菜单是一种快捷菜单，菜单中的命令在其他的菜单栏或者窗口中也会出现，如图3-5所示。

- Capture Settings（采集设置）：可以打开Capture Settings（采集设置）对话框。
- Record Video（录制视频）：开始视频采集。
- Record Audio（录制音频）：开始音频采集。
- Record Audio and Video（录制音频和视频）：同时采集音频视频。
- Scene Detect（场景侦测）：用于探测采集信号。
- Collapse Window（折叠窗口）：将

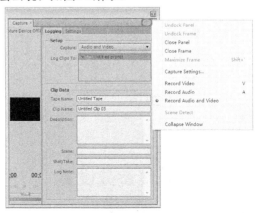

图3-5 窗口菜单

Capture（采集）对话框的参数设置面板隐藏，只保留预览窗口和设备控制面板。

3.2.3 设备控制面板

设备控制面板上的工具是用来控制外部视频设备的，如摄像机等。外部视频设备一般都有自己的控制按钮，但是在实际的采集过程中使用这些设备本身的控制按钮，会造成播放与采集时间上的不同步。Adobe Premiere Pro CS6将这些设备控制工具与本身的采集工具组合到一起，使播放

与采集过程有机地联系在一起，在 Adobe Premiere Pro CS6中就能实现素材的预览和采集。换句话说，设备控制面板可以实现外部视频设备的遥控。

设备控制面板还有一个重要的作用就是能够生成一个采集时间列表，这个列表可以包括多段视频片段的采集起点、终点，然后根据这个列表自动采集所有的片段，实现视频的批采集。

设备控制面板位于Capture（采集）对话框的左下方，各按钮工具的作用较为简单，如图3-6所示。

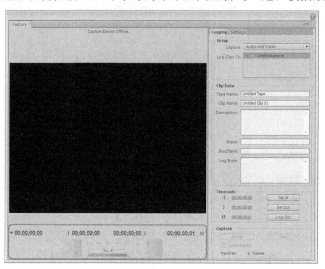

图3-6 设备控制面板

3.3 模拟视频素材的采集

在安装了有效的采集硬件，准备好外部视频素材的输出设置，并将这两部分正确地连接起来后，就可以通过Premiere Pro CS6进行视频素材的采集了。下面以模拟视频采集过程为例，讲述模拟视频采集的方法。

3.3.1 采集准备

采集准备步骤如下。

（1）按照厂商提供的要求在计算机上安装视频采集硬件。

（2）打开外部视频输入设备，将其与计算机正确连接。

（3）预留采集视频片段在计算机保存的位置，如果容量不够大，将导致采集的中断。

（4）在桌面上双击█快捷方式图标，启动Premiere Pro CS6软件。在弹出的欢迎界面中单击 New Project（新建项目）按钮，在弹出的New Project（新建项目）对话框中输入新项目的名称，创建一个新项目文件。

3.3.2 采集参数设置

采集参数设置的具体步骤如下。

01 在菜单栏中选择Edit（编辑）| Preferences（首选项）| Device Control（设备控制）命令，如
图3-7所示。

02 打开Preferences（首选项）对话框，根据外部的视频输入设备标准进行设置，设置完成后单
击OK按钮关闭该对话框，如图3-8所示。

图3-7　选择Device Control（设备控制）命令

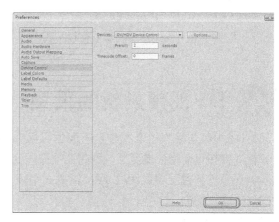

图3-8　Preferences（首选项）对话框

03 在菜单栏中选择Project（项目）| Project Settings（项目设置）| General（常规）命令，如图3-9
所示。

04 打开Project Settings（项目设置）对话框，在Capture（采集）选项组中进行采集设置，如
图3-10所示。

图3-9　选择General（常规）命令

图3-10　Project Settings（项目设置）对话框

🔍 提示

　　在Project Settings（项目设置）对话框中，系统默认的采集格式为DV，还可以选择其他的采集
格式，如HDV等。

▶ 3.3.3　设置采集的出点、入点

设置采集出点、入点的操作步骤如下。

01 在外部输入设备中播放视频素材。在Premiere Pro CS6菜单栏中选择File（文件）| Capture（采集）命令，打开Capture（采集）对话框。

02 在设备控制面板中单击Play-Stop Toggle（播放）按钮▶播放所要采集的视频，当播放到所要采集的起点时单击Mark In（标记入点）按钮 ⎨ 设置入点，当播放到所要采集的结束点时单击Mark Out（标记出点）按钮 ⎨ 设置出点。

03 在设备控制面板中单击Record（录制）按钮◉进行采集，系统自动采集出点与入点之间的片段。

3.4 DV视频素材的采集

采集DV视频与采集模拟视频是不同的，因为DV视频在拍摄的时候就直接被记录成数字信号，并被保存在一个硬件磁盘上，因此在被输入计算机的过程中不存在模拟信号转换成数字信号的过程。在采集的过程中，DV视频不需要一个场景接一个场景地线性采集，它仅仅需要一次性将数据传到计算机中。

采集准备步骤如下。

01 使用IEEE 1394接口，将外部DV视频设备（如摄像机）与计算机连接到一起。

02 打开外部视频设备，如摄像机，使其处于播放状态。

03 在桌面上双击▓快捷方式图标，启动Premiere Pro CS6软件。在弹出的欢迎界面中单击New Project（新建项目）按钮，在弹出的New Project（新建项目）对话框中输入新项目的名称，单击OK按钮，创建一个新项目文件。

04 在弹出的New Sequence（新建序列）对话框中的Sequence Presets（序列设置）选项卡中选择一种合适的DV模式，然后单击OK按钮关闭该对话框，如图3-11所示。

05 在菜单栏中选择Project（项目）| Project Settings（项目设置）| Scratch Disks（暂存盘）命令，打开Project Settings（项目设置）对话框，在该对话框中设置所采集视频在计算机硬盘中的保存位置，如图3-12所示。

图3-11 New Sequence（新建序列）对话框

图3-12 Project Settings（项目设置）对话框

06 在Premiere Pro CS6菜单栏中选择File（文件）| Capture（采集）命令，打开Capture（采集）对

话框，使用设备控制面板中的工具设置出点和入点，然后单击Record（录制）按钮 📷 开始录制入点与出点之间的信号。

3.5 本章小结

本章主要介绍了采集DV视频素材的方法，其中首先介绍了在采集视频时对硬件的要求，然后对Capture（采集）对话框进行了详细的介绍，并模拟视频素材的采集方法。

- 视频采集需要特定的硬件，同时，采集的视频质量是否足够好，很大程度上也取决于计算机硬件的配置。其中视频采集卡、计算机CPU、内存等硬件的作用最为突出。
- 使用Premiere Pro CS6采集外部视频信号是通过视频Capture（采集）对话框来实现的。在菜单栏中选择File（文件）| Capture（采集）命令（或直接单击F5键），即可打开Capture（采集）对话框，在该对话框中包括状态显示区、预览窗口、参数设置面板、窗口菜单和设备控制面板5个部分。
- 在菜单栏中选择Edit（编辑）| Preferences（首选项）| Device Control（设备控制）命令，打开Preferences（首选项）对话框，根据外部的视频输入设备标准进行设置，设置完成后单击OK按钮关闭该对话框，在菜单栏中选择Project（项目）| Project Settings（项目设置）| General（常规）命令，打开Project Settings（项目设置）对话框，在Capture（采集）选项组中可以进行采集设置。

3.6 课后习题

1. 选择题

（1）在Premiere Pro CS6中，按（　　）键可以打开Capture（采集）对话框。
   A. F2　　　　　　B. F3　　　　　　C. F4　　　　　　D. F5
（2）视频采集需要特定的硬件，同时，采集的视频质量是否足够好很大程度上也取决于计算机硬件的配置。其中视频采集卡、计算机CPU、（　　）等硬件的作用最为突出。
   A. 硬盘　　　　　B. 内存　　　　　C. 显卡　　　　　D. 键盘

2. 填空题

（1）输入原始视频素材到计算机硬盘有两种方式：_____和_____。
（2）传统的PAL制式、NTSC制式的视频素材都是_____。计算机处理的视频都是_____。

3. 判断题

（1）一般说来，生活中常见的家用微型便携式摄像机记录的信号是数字信号，这种摄像机又被称为DV摄像机。（　　）
（2）Logging（记录）选项卡主要用于设置采集到的素材在磁盘的保存位置，以及采集的控制方式。（　　）

4. 上机操作题

根据本章讲解的内容，自己动手采集DV视频素材。

第4章
Premiere Pro CS6
入门操作

创建项目后，用户应了解项目文件的每个控制选项的作用，拖入素材到Sequence（序列）窗口中进行视频编辑的基本操作。在渲染输出方面，用户可以使用不同的素材并输出不同格式的影片。

学习要点

- 了解影片编辑的基本操作
- 导入素材文件
- 编辑素材文件
- 添加视音频特效
- 输出影视作品

4.1 影片编辑的基本操作

制作符合要求的影视作品，首先创建一个符合要求的项目文件，然后对项目文件的各个选项进行设置，这是编辑工作的基本操作。

4.1.1 设置项目属性参数

在创建项目文件的过程中，必须按照要制作的影片的格式来设置项目文件的各项参数，以便使创建的项目文件能够符合影片的制作要求。设置项目文件参数的操作步骤如下。

01 运行Premiere Pro CS6软件后，在欢迎界面中单击New Project（新建项目）按钮，弹出New Project（新建项目）对话框，将Capture Format（采集格式）设置为HDV，单击Location（位置）选项右侧的Browse（浏览）按钮，为其设置保存路径，在Name（名称）文本框中，输入项目名称，如图4-1所示。

02 单击OK按钮，弹出New Sequence（新建序列）对话框，选择DV-PAL文件夹下的Standard 48kHz预设格式作为项目文件的格式，如图4-2所示。

图4-1　New Project（新建项目）对话框

图4-2　New Sequence（新建序列）对话框

03 选择Settings（设置）选项卡，其中有一些选项是不可编辑，在Editing Mode（编辑模式）选项的下拉列表中选择Custom（自定义）选项，如图4-3所示。

04 将编辑模式设置为Custom（自定义）模式后，下面的选项变成可编辑状态，在Audio（音频）选项组中，将Sample Rate（取样值）设置为32000Hz，设置完成后单击OK按钮，完成项目的创建，如图4-4所示。

图4-3　编辑模式

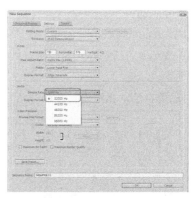

图4-4　设置音频取样值

▶ 4.1.2 保存项目文件

创建项目文件时，软件会要求保存项目文件，可以通过手动保存项目文件，也可以自动保存项目文件。

1.手动保存项目文件

在编辑时，用户可以在操作一部分后随时对文件进行保存，手动保存项目文件的操作步骤如下。

01 Premiere Pro CS6的工作界面中，在菜单栏中选择File（文件）| Save（保存）命令，系统会直接将项目文件保存。如果要更改项目文件的名称或者保存路径，可以选择File（文件）| Save As（另存为）命令。

02 选择命令后弹出Save Project（存储项目）对话框，用户可以设置项目文件的名称和保存路径，然后单击"保存"按钮，将项目文件保存，如图4-5所示。

图4-5 保存项目文件

🔍 **提 示**

按Ctrl+Shift+S组合键，可以快速执行Save As（另存为）命令。

2.自动保存项目文件

如果用户没有保存的习惯，可以通过设置自动保存，以避免因断电或操作不当导致的工作数据丢失，设置系统自动保存项目文件的操作步骤如下。

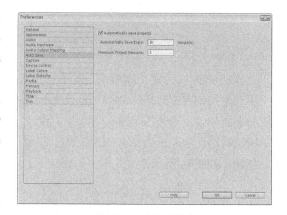

01 在Premiere Pro CS6界面中，在菜单栏中选择Edit（编辑）| Preferences（首选项）| Auto Save（自动保存）命令，弹出Preferences（首选项）对话框。

02 设置Automatically Save Every（自动存储间隔）和Maximum Project Versions（最多项目存储数量）参数，最后单击OK按钮，如图4-6所示。

图4-6 设置自动保存

设置自动保存后，系统会自动保存项目文件，可以避免工作数据的丢失。

4.2 导入素材文件

Premiere Pro CS6支持处理多种格式的素材文件，可以更大限度地导入、利用素材文件，为制作精彩的影视作品提供了有利的条件。

4.2.1 导入视音频素材

导入音频、视频素材的方法很简单，不需要进行其他设置就可以直接将其导入，导入视音频素材的具体操作步骤如下。

01 运行Premiere Pro CS6程序，新建项目文件后，在Project（项目）窗口的空白处单击鼠标右键，在弹出的快捷菜单中选择Import（导入）命令，如图4-7所示。

02 弹出Import（导入）对话框，打开随书附带光盘中的"源文件\素材\第4章\导入视音频素材.mov"，然后单击"打开"按钮，如图4-8所示。

03 即可将选择的素材文件导入到Project（项目）窗口中，如图4-9所示。

图4-7 选择Import（导入）命令　　　　图4-8 选择素材　　　　图4-9 导入的素材文件

4.2.2 导入图像素材

图像素材是静帧文件，可以在Premiere Pro CS6中被当作视频文件使用，导入图像素材之前，应该先设置其默认持续时间，具体的操作步骤如下。

01 新建项目文件后，在菜单栏中选择Edit（编辑）| Preferences（首选项）| General（常规）命令，如图4-10所示。

02 弹出Preferences（首选项）对话框，在该对话框中将Still Image Default Duration（静帧图像默认持续时间）设置为175 frames（帧），即7s，然后单击OK按钮，如图4-11所示。

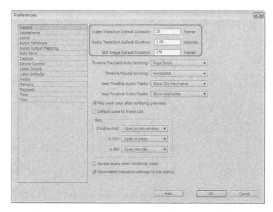

图4-10 选择General（常规）命令　　　　图4-11 设置General（常规）选项

03 在Project（项目）窗口空白处双击鼠标左键，弹出Import（导入）对话框，选择随书附带光盘中的"源文件\素材\第4章\07.jpg"，单击"打开"按钮，如图4-12所示。

04 将选择的素材文件导入到Project（项目）窗口中，在Project（项目）窗口中可以看到它的默认持续时间是7s，如图4-13所示。

图4-12　选择素材文件

图4-13　导入的素材文件

▶ 4.2.3　导入序列文件

序列文件是带有统一编号的图像文件。把序列图片中的一张图片导入到Premiere Pro CS6中，它就是静态图像文件，如果把它们按照序列全部导入，系统就自动将这个整体作为一个视频文件。

01 按Ctrl+I组合键，在弹出的Import（导入）对话框中，选择随书附带光盘中的"源文件\素材\第4章\导入序列文件"，双击打开该文件夹，可以看到里面有多个带有统一编号的图像文件，如图4-14所示。

02 选择序列图像中的第一张图片"104.jpg"，然后选中Image Sequence（序列图像）复选框，单击"打开"按钮，如图4-15所示。

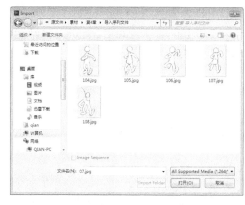

图4-14　Import（导入）对话框

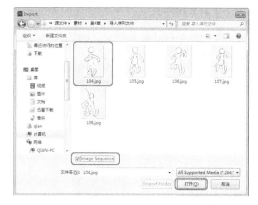

图4-15　导入序列素材

03 将选择的序列文件导入到Project（项目）窗口中，在Project（项目）窗口中可以看到序列文件的图标与视频文件的图标是一样的，而且它的后缀名保持为.jpg（与图片后缀一致），如图4-16所示。

04 在Project（项目）窗口中双击导入的序列文件，将其导入到Source（源素材）监视窗口中，可以预览视频的内容，如图4-17所示。

图4-16　导入的序列文件

图4-17　预览视频效果

4.2.4　导入图层文件

　　图层文件也是静帧图像文件，与一般的图像文件不同的是，图层文件包含了多个相互独立的图像图层。在Premiere Pro CS6中，可以将图层文件的所有图层作为一个整体导入，也可以单独导入其中的一个图层。要把图层文件导入到Premiere Pro CS6的编辑项目中并保持图层信息不变，可以按照下面的步骤进行操作。

01 新建项目文件后，按Ctrl+I组合键，打开Import（导入）对话框，打开随书附带光盘中的"源文件\素材\第4章\导入图层文件.psd"，然后单击"打开"按钮，如图4-18所示。

02 弹出Import Layered File（导入图层文件）对话框，在该对话框中Import As（导入为）选项分为Merge All Layers（合并所有图层）、Merged Layers（合并图层）、Individual Layers（单个图层）和Sequence（序列）四项，如图4-19所示。

图4-18　导入图层文件

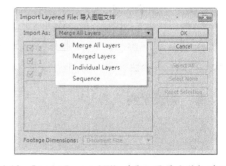

图4-19　Import Layered File（导入图层文件）对话框

03 将Import As（导入为）选项设置为Merge All Layers（合并所有图层）选项，下面的图层将全部以灰度表示，如图4-20所示。按照这种方式导入图像文件，所有图层将被合并为一个整体。

04 将Import As（导入为）选项设置为Merged Layers（合并图层）选项，此时下面图层将处于激

活状态，可以勾选需要导入的图层，如图4-21所示。按照这种方式导入图像文件，所选择的图层将被合并为一个整体。

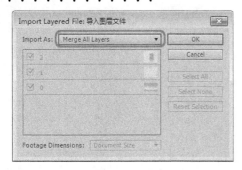

图4-20　选择Merge All Layers（合并所有图层）选项　　　　图4-21　选择Merged Layers（合并图层）选项

05 将Import As（导入为）选项设置为Individual Layers（单个图层）选项，此时下面图层将处于激活状态，可以勾选需要导入的图层，如图4-22所示。按照这种方式导入图像文件，所选择的图层将全部导入并且保留各自图层的相互独立性。

06 将Import As（导入为）选项设置为Sequence（序列）选项，此时下面图层将处于激活状态，可以勾选需要导入的图层，如图4-23所示。按照这种方式导入图像文件，所选择的图层将全部导入并且保留各自图层的相互独立性。

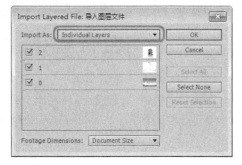

图4-22　选择Individual Layers（单个图层）选项　　　　图4-23　选择Sequence（序列）选项

4.3　编辑素材文件

导入素材文件后，就可以对素材进行编辑了，一般先在Source（源素材）监视窗口中对素材进行初步编辑，然后在Sequence（序列）窗口中对素材进行编辑。

实例：编辑素材文件

源 文 件:	源文件\场景\第4章\编辑素材文件.prproj
视频文件:	视频\第4章\编辑素材文件.avi

01 运行Premiere Pro CS6软件，进入欢迎界面，单击New Project（新建项目）按钮，新建一个工作项目，如图4-24所示。

02 弹出New Project（新建项目）对话框，设置项目文件的存储路径及名称，单击OK按钮确认设置，如图4-25所示。

图4-24 新建工作项目　　　　　　　　图4-25 设置项目文件的存储路径及名称

🔢 弹出New Sequence（新建序列）对话框，保持默认设置，单击OK按钮，如图4-26所示。

🔢 新建项目文件后，按Ctrl+I组合键，弹出Import（导入）对话框，选择随书附带光盘中的"源文件\素材\第4章\001.jpg"，然后选中Image Sequence（序列图像）复选框，然后单击"打开"按钮，如图4-27所示。

图4-26 新建序列　　　　　　　　　　　图4-27 选择素材文件

🔢 文件导入至Project（项目）面板中，选择该项目并单击鼠标右键，在快捷菜单中选择Speed/Duration（速度/持续时间）命令，弹出Clip Speed/Duration（素材速度/持续时间）对话框，设置Duration（持续时间）为00:00:20:00，单击OK按钮，如图4-28所示。

🔢 双击导入的"001.jpg"项目，在Source（源素材）监视窗口中进行查看，如图4-29所示。

🔢 在Source（源素材）监视窗口中，设置时间为00:00:05:00，然后单击Mark In（标记入点）按钮 ，如图4-30所示。

🔢 设置时间为00:00:15:00，单击Mark Out（标记出点）按钮 ，将视频进行剪切，如图4-31所示。

🔢 视频素材的入点和出点设置完成后，在Source（源素材）监视窗口中单击Insert（插入）按钮 ，如图4-32所示。

图4-28　设置持续时间　　　图4-29　Source（源素材）监视窗口　　　图4-30　设置入点

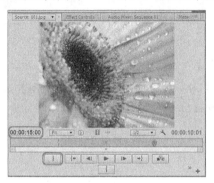
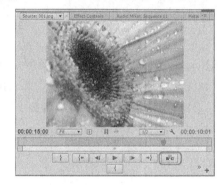

图4-31　设置出点　　　　　　　图4-32　单击"插入"按钮

⑩ 剪切之后的视频文件被插入到Sequence（序列）窗口中，放置在Video 1（视频1）轨道中，如图4-33所示。

⑪ 设置不同的入点和出点后，然后通过"插入"按钮 ⊞ 将剪辑后的视频文件插入到Sequence（序列）窗口，依次放置在Video 1（视频1）轨道中，如图4-34所示。

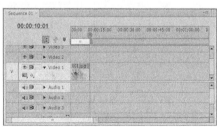

图4-33　插入的素材　　　　　　　图4-34　插入多个素材

4.4 添加视音频特效

在Sequence（序列）窗口中添加素材并连接为一个整体之后，可以使用各种音频特效来修饰素材，包括调整素材之间的切换、画面尺寸等。

实例：添加视音频特效

源 文 件：	源文件\场景\第4章\添加视音频特效.prproj
视频文件：	视频\第4章\添加视音频特效.avi

① 打开随书附带光盘中的"源文件\素材\第4章\添加视音频特效.prproj"，在Sequence（序列）

窗口中，将时间线指针移动至某段素材所在的时间段范围内，如图4-35所示。

02 在Effects（特效）窗口中，选择Video Transitions（视频转场特效）文件夹下Slide（滑动）下的Sliding Bands（滑动条带）特效，如图4-36所示。

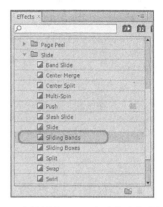

图4-35　移动时间线指针　　　　　　　　图4-36　选择Sliding Bands（滑动条带）特效

03 选择特效后，将该特效拖至Sequence（序列）窗口中素材的结合处，如图4-37所示。

04 按空格键预览影片，特效效果如图4-38所示。

图4-37　添加特效　　　　　　　　　　　　图4-38　特效效果

05 使用相同的方法，添加另一个特效，在Effects（特效）窗口中，选择Video Transitions（视频转场特效）|Wipe（擦除）|Band Wipe（带状擦除）特效，拖至素材的下一个结合处，如图4-39所示。

06 Band Wipe（带状擦除）特效的效果如图4-40所示。

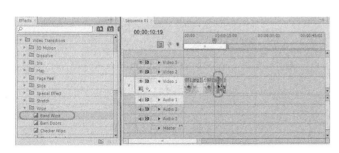

图4-39　添加特效　　　　　　　　　　　　图4-40　特效效果

07 按Ctrl+I组合键，在弹出的Import（导入）对话框中，选择随书附带光盘中的"源文件\素材\第4章\音乐.wav"，单击"打开"按钮，如图4-41所示。

08 音频素材导入至Project（项目）窗口中，将音频素材拖至Sequence（序列）窗口中的Audio 1
（音频1）轨道上，如图4-42所示。

图4-41　选择素材文件

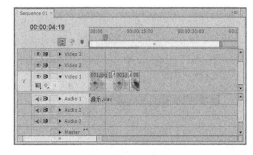

图4-42　置入素材

09 将鼠标光标放置在音频素材的结尾处，当鼠标光标变为◀时，按住鼠标左键进行拖曳，使音
频素材和视频轨道中的素材首尾对齐，如图4-43所示。

10 音频素材剪辑完成后，按空格键预览影片效果，在Audio Mixer（调音台）窗口中，观察音频
电平，如图4-44所示。

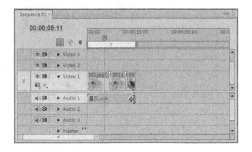

图4-43　调整音频素材

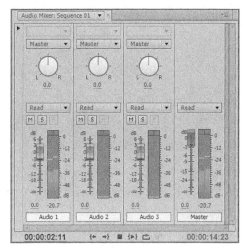

图4-44　Audio Mixer（调音台）窗口

🔍 提 示

在菜单栏中选择Windows（窗口）| Audio Mixer（调音台）命令，可以打开Audio Mixer（调音
台）窗口。

4.5　输出影视作品

对所有的素材编辑完成后，预览并确定影片的最终效果，下面就可以按照需要的格式来导出
自己创作的影视作品了。

实例：输出影视作品

源 文 件:	源文件\场景\第4章\输出影视作品.prproj
视频文件:	视频\第4章\输出影视作品.avi

01 打开随书附带光盘中的"源文件\素材\第4章\输出影视作品.prproj"，如图4-45所示。

02 打开项目文件后，在菜单栏中选择File（文件）| Export（导出）| Media（媒体）命令，如图4-46所示。

图4-45　选择素材文件

图4-46　选择Media（媒体）命令

03 弹出Export Settings（导出设置）对话框，设置导出文件的格式为AVI，设置保存路径和名称，如图4-47所示。

图4-47　设置导出文件的格式、名称等

04 切换至Audio（音频）选项卡，可以设置音频各项属性，如图4-48所示。

05 影片的各项属性设置完成后，单击Export（导出）按钮，渲染结束后，就可以在其他播放器中欣赏自己创作的影片了。

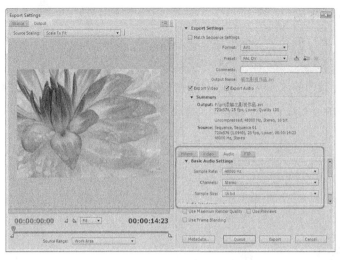

图4-48 设置音频属性

4.6 拓展练习——碧海蓝天

源 文 件:	源文件\场景\第4章\碧海蓝天.prproj
视频文件:	视频\第4章\碧海蓝天.avi

本例将使用讲到的导入素材的方法，制作一个关于大海的相册并导出影片，效果如图4-49所示。

图4-49 效果展示

01 运行Premiere Pro CS6软件，在欢迎界面中单击New Project（新建项目）按钮，如图4-50所示。

02 弹出New Project（新建项目）对话框，单击Browse（浏览）按钮，为其指定一个正确的存储路径，将Name（名称）设置为"碧海蓝天"，如图4-51所示。

03 设置完成后单击OK按钮，弹出New Sequence（新建序列）对话框，选择DV-PAL文件夹下的Standard 48kHz选项，设置完成后单击OK按钮，如图4-52所示。

04 进入Premiere Pro CS6操作界面，在菜单栏中选择Edit（编辑）| Preferences（首选项）| General（常规）命令，如图4-53所示。

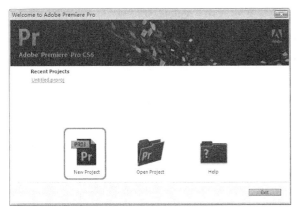

图4-50　新建项目

图4-51　设置保存路径及名称

图4-52　设置项目制式

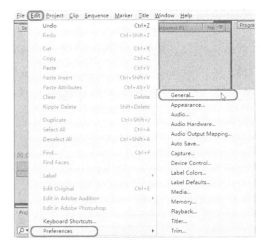

图4-53　选择General（常规）命令

05 弹出Preferences（首选项）对话框，设置Still Image Default Duration（静帧图像默认持续时间）为75，设置完成后单击OK按钮，如图4-54所示。

06 下面导入需要的素材文件，按Ctrl+I组合键，弹出Import（导入）对话框，选择如图所示的素材文件，如图4-55所示。

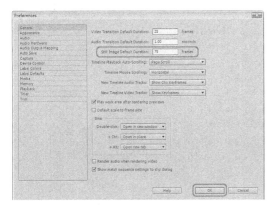

图4-54　设置Still Image Default Duration
（静帧图像默认持续时间）数值

图4-55　选择素材文件

⑦ 单击"打开"按钮，将文件导入至Project（项目）窗口中，如图4-56所示。

⑧ 在Project（项目）窗口中，按Ctrl+A组合键，选择全部的素材文件，然后按住鼠标左键将其拖至Video 1（视频1）轨道中，如图4-57所示。

图4-56　导入的素材文件

图4-57　置入素材

⑨ 在Video 1（视频1）轨道中，选择第一幅素材，然后切换至Effect Controls（特效控制）窗口，展开Motion（运动）选项组，设置Scale（比例）值为77.0，如图4-58所示。

⑩ 使用相同的方法调整其他素材的缩放比例值，在Program（节目）监视窗口中，按空格键预览效果，如图4-59所示。

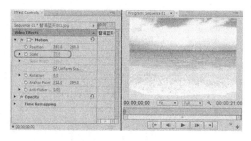

图4-58　设置缩放值

图4-59　素材效果

⑪ 按Ctrl+I组合键，弹出Import（导入）组合键，选择随书附带光盘中的"源文件\素材\第4章\背景音乐.mp3"，如图4-60所示。

⑫ 在Project（项目）窗口中，然后选择背景音乐并单击鼠标右键，在弹出的快捷菜单中选择Speed/Duration（速度/持续时间）命令，弹出Clip Speed/Duration（素材速度/持续时间）对话框，将Duration（持续时间）设置为00:00:21:00，如图4-61所示。

图4-60　选择素材文件

图4-61　设置素材持续时间

⒀ 设置完成后单击OK按钮，然后选择该文件，将其拖至Audio 1（音频1）轨道中，如图4-62所示。

⒁ 场景制作完成后，按Ctrl+S组合键保存场景，然后在菜单栏中选择File（文件）| Export（导出）| Media（媒体）命令，如图4-63所示。

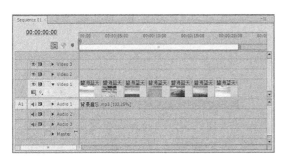

图4-62　置入素材

图4-63　选择Media（媒体）命令

⒂ 弹出Export Settings（导出设置）对话框，单击Output Name（输出名称）右侧的Sequence01.avi文字，弹出Save As（另存为）对话框，为其指定名称和保存路径，设置完成后单击"保存"按钮，如图4-64所示。

⒃ 设置完成后单击Export（导出）按钮，如图4-65所示，导出完成后，就可以在其他播放软件中查看影片了。

图4-64　设置保存名称和路径

图4-65　单击Export（导出）按钮

4.7　本章小结

本章主要介绍了项目的基本操作以及如何导入素材文件，并如何对素材文件进行编辑。

- 在菜单栏中选择File（文件）| Save（保存）命令，系统会直接将项目文件保存。如果要更改项目文件的名称或者保存路径，可以选择File（文件）| Save As（另存为）命令。选择命令后弹出Save Project（存储项目）对话框，用户可以设置项目文件的名称和保存路径，然后单击"保

存"按钮，将项目文件保存。

- 新建项目文件后，在Project（项目）窗口空白处单击鼠标右键，在弹出的快捷菜单中选择Import（导入）命令，弹出Import（导入）对话框，在该对话框中选择要导入的素材文件（例如音频、图像、序列、图层等文件），然后单击"打开"按钮，即可将选择的素材文件导入到Project（项目）窗口中。

4.8 课后习题

1. 选择题

（1）Import（导入）命令的快捷键为（　　）。

    A．Ctrl+M   B．Ctrl+C

    C．Alt+ Ctrl+C   D．Ctrl+I

（2）（　　）是带有统一编号的图像文件，将其中一张图片导入到Premiere Pro CS6中，它就是静态图像文件；如果把它们按照序列全部导入，系统就自动将这个整体作为一个视频文件。

    A．序列文件   B．图像素材

    C．图层文件   D．视音频文件

2. 填空题

（1）按＿＿＿＿＿＿＿＿＿组合键，可以快速执行Save As（另存为）命令。

（2）＿＿＿＿＿＿＿＿＿是静帧文件，在导入之前可以调整默认持续时间。

3. 判断题

（1）在Premiere Pro CS6中导入图层文件时，只可以将其中的一个层导入到软件中。（　　）

（2）创建项目文件时，软件会要求保存项目文件，可以通过手动保存项目文件，也可以自动保存项目文件。（　　）

4. 上机操作题

根据本章所学的内容制作成一个个性相册，如图4-66所示。

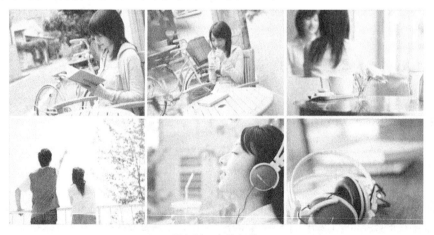

图4-66　个性相册

第5章
素材剪辑基础

剪辑理论的掌握对于剪辑人员而言是非常必要的，本章将对影视剪辑的一些必备理论和剪辑语言进行比较详尽的介绍。

学习要点

- 使用Premiere Pro CS6剪辑素材
- 使用Premiere Pro CS6分离素材
- 掌握Premiere Pro CS6中的编组和嵌套
- 使用Premiere Pro CS6创建新元素

5.1 使用Premiere Pro CS6剪辑素材

在Premiere Pro CS6中的编辑过程是非线性的，可以在任何时候插入、复制、替换、传递和删除素材片段，还可以采取各种各样的顺序和效果进行试验，并在合成最终影片或输出到磁带前进行预演。

用户在Premiere Pro CS6中使用Source（源素材）监视窗口和Sequence（序列）窗口编辑素材。Source（源素材）监视窗口用于观看素材和完成的影片，设置素材的入点和出点等；Sequence（序列）窗口主要用于建立序列、安排素材、分离素材、插入素材、合成素材以及混合音频素材等。在使用Source（源素材）监视窗口和Sequence（序列）窗口编辑影片时，同时还会使用一些相关的其他窗口和面板。

在一般情况下，不会从头至尾地播放一个视频或音频素材。用户可以使用剪辑窗口或Source（源素材）监视窗口改变一个素材的开始帧、结束帧，改变静止图像素材的长度。

Premiere Pro CS6中的Source（源素材）监视窗口可以对原始素材和序列进行剪辑。

▶ 5.1.1 认识监视窗口

Adobe Premiere Pro CS6默认有两个监视窗口，即Source（源素材）监视窗口与Program（节目）监视窗口，分别用来显示素材与作品在编辑时的状况。左边是Source（源素材）监视窗口，用于显示和设置节目中的素材；右边是Program（节目）监视窗口，用于显示和设置序列，监视窗口如图5-1所示。

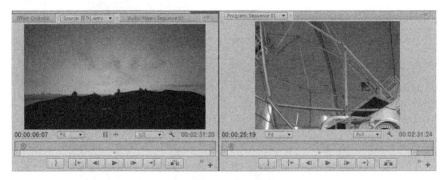

图5-1　Source（源素材）监视窗口和Program（节目）监视窗口

在Source（源素材）监视窗口中，单击该监视窗口的标题栏或Source（源素材）名称右侧的黑色三角按钮，即可弹出下拉菜单。该下拉菜单中列出已经调入到Sequence（序列）窗口中的素材列表，可以更加快速、便捷地浏览素材的基本情况，其下拉菜单如图5-2所示。

安全区域的产生是由于电视机在播放视频图像时，屏幕的边会切除部分图像，这种现象被称为溢出扫描。而不同的电视机溢出的扫描量不同，所以要把图像的重要部分放在安全区域内。在制作影片时，需要将重要的场景元素、演员、图表放在动作安全区域内；将标题、字幕放在标题安全区域内，如图5-3所示，位于工作区域外侧的方框为运动安全区域，位于内侧的方框为标题安全区域。

单击Source（源素材）监视窗口或Program（节目）监视窗口下方的Safe Margins（安全框）按钮 ，可以显示或隐藏Source（源素材）监视窗口和Program（节目）监视窗口中的安全区域。

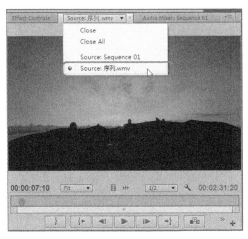

图5-2　在Source（源素材）监视窗口中选择素材

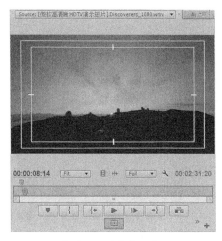

图5-3　设置安全区域

实例：添加安全框

源 文 件：	源文件\场景\第5章\添加安全框.prproj
视频文件：	视频\第5章\添加安全框.avi

导入到Project（项目）窗口中的素材可能是通过不同途径获得的，在对其进行编辑时，首先应该观察这些通过不同途径而获得的素材文件是否符合播放标准。下面将通过以下基本操作来实现安全框的添加。

01 打开随书附带光盘的"源文件\素材\第5章\添加安全框.prproj"，打开的场景文件如图5-4所示。

02 在Source（源素材）监视窗口中单击Button Editor（按钮编辑器）按钮，如图5-5所示。

图5-4　打开的素材文件

图5-5　单击Button Editor（按钮编辑器）按钮

03 弹出如图5-6所示的选项列表，选择Safe Margins（安全框）按钮，并将其拖曳至Source（源素材）监视窗口中，如图5-7所示。

图5-6　Button Editor（按钮编辑器）选项列表　　　　图5-7　拖曳Safe Margins（安全框）按钮

04 拖曳完成后，单击OK按钮，回到Source（源素材）监视窗口中，单击添加的Safe Margins（安全框）按钮 ，Source（源素材）监视窗口中即可显示安全区域，如图5-8所示。

用户还可以通过单击Source（源素材）监视窗口右上角的 按钮，在弹出的下拉菜单中选择Safe Margins（安全框）命令，如图5-9所示。

图5-8　添加安全框　　　　　　　　图5-9　选择Safe Margins（安全框）命令

▶ 5.1.2　在Source（源素材）监视窗口中播放素材

无论是已经导入节目的素材文件还是使用打开命令观看的素材文件，系统都会将其在Source（源素材）监视窗口中打开。用户可以在Source（源素材）监视窗口中播放和观看导入的素材。

▶ 5.1.3　在其他软件中打开素材

在Premiere Pro CS6中具有能在其他软件中打开素材的功能。用户可以用该功能在与素材兼容的其他软件中打开素材进行观看或编辑素材文件。例如：可以在QuickTime中观看MOV影片文件，可以在Photoshop CS6中打开并编辑图像素材。在应用程序中编辑该素材文件并将其保存后，在Premiere Pro CS6中的该素材会自动地进行更新。

要在其他应用程序中编辑素材，必须保证计算机中安装相应的应用程序，并且有足够的内存来运行该程序。如果是在Project（项目）窗口中编辑的序列图片，则在该应用程序中只能打开该序列图片的第一幅图片；如果是在Sequence（序列）窗口中编辑的序列图片，则打开的是时间标记所在时间的当前帧画面。

在Photoshop CS6中编辑素材的操作方法如下。

[01] 在Project（项目）窗口或Sequence（序列）窗口中选择需要编辑的素材文件，如图5-10所示。

[02] 选择Edit（编辑）| Edit in Adobe Photoshop（在Adobe Photoshop中编辑素材）命令，如图5-11所示。

图5-10　选择素材文件　　　图5-11　选择Edit in Adobe Photoshop（在Adobe Photoshop中编辑素材）命令

[03] 执行完该命令后，即可将选择的素材文件在Photoshop中打开，用户可在该软件中对其进行编辑，如图5-12所示。

[04] 编辑完毕后，将其保存，回到Premiere Pro CS6软件中，修改后的结果会自动更新到当前素材文件中，如图5-13所示。

图5-12　在Photoshop中打开的素材文件　　　图5-13　在Premiere中更新后的素材文件

▶ 5.1.4　剪辑素材文件

剪裁可以增加或删除帧以改变素材文件的长度，即播放时间。素材开始帧的位置被称为入点，素材结束帧的位置被称为出点。可以在Source（源素材）监视窗口、Sequence（序列）窗口和Program（节目）监视窗口中进行素材剪辑操作。

用户在对素材设置入点和出点时所做的改变，仅影响剪辑后的素材文件，不会影响磁盘上源素材本身的设置。

用户不能使影片或音频素材比其源素材更长，除非使用速度命令减慢素材播放速度以延长其播放长度。任何素材最短的长度为1帧。

1. 在Source（源素材）监视窗口中剪辑素材文件

Source（源素材）监视窗口每次只能显示一个单独的素材文件，如果在Source（源素材）监视窗口中打开了若干个素材，Premiere Pro CS6可以在Source（源素材）下拉列表中进行管理。单击素材窗口上方的Source（源素材）标题栏或者标题栏右侧的按钮▼，在弹出的下拉列表中显示了所有在Source（源素材）监视窗口中打开过的素材文件，如图5-14所示。可以在列表中选择需要在Source（源素材）监视窗口中打开的素材文件，所选择的素材即可在Source（源素材）监视窗口中打开，如图5-15所示。如果序列中的影片在Source（源素材）监视窗口中被打开，名称前会显示序列名称。

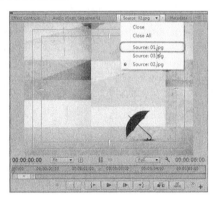

图5-14　选择要打开的素材文件　　　　图5-15　打开的素材文件

大部分情况下，导入节目的素材都不会完全适合最终节目的需要，往往要去掉影片中不需要的部分。此时，可以通过设置入点、出点的方法来裁剪素材。

在Source（源素材）监视窗口中改变入点和出点的方法如下所示。

01 在Project（项目）窗口中双击要设置入点、出点的素材文件，将其在Source（源素材）监视窗口中打开，如图5-16所示。

02 在Source（源素材）监视窗口中将时间更改为00:00:25:00，如图5-17所示。

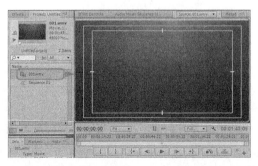

图5-16　双击素材文件将其在Source（源素材）监视窗口中打开　　　　图5-17　更改时间

🔲 设置完成后，在该窗口中单击Mark In（标记入点）按钮 ⟩，即可为其添加入点，如图5-18所示。

🔲 设置完成后，使用同样的方法选择需要标记的出点的位置，如图5-19所示。

 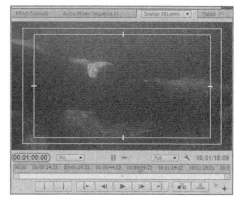

图5-18　添加Mark In（标记入点）　　　　　图5-19　选择标记出点位置

🔲 设置完成后，在该窗口中单击Mark Out（标记出点）按钮 ⟩，即可为其添加出点，如图5-20所示。

🔲 设置完成后，在Sequence（序列）窗口中置入序列片段，即标记入点与出点的素材片段，如图5-21所示。

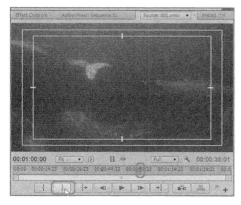 

图5-20　添加出点　　　　　　　　　图5-21　剪辑后的素材

🔍 提 示

标记入点的快捷键为I键；标记出点的快捷键为O键。

🔲 单击Go To In（跳转至标记点入点）按钮 ⟩，可以自动找到影片的入点位置，单击Go To Out（跳转至标记点出点）按钮 ⟩，可以自动找到影片的出点位置。

　　当声音同步要求非常严格时，用户可以为音频素材设置高精度的入点，音频素材的入点可以使用高达1/600s的精度来调节。

　　在Program（节目）监视窗口单击右上角的 ▤ 按钮，在弹出的下拉菜单中选择Audio Waveform（音频单位）命令，如图5-22所示，执行该命令可以使素材以音频单位显示。对于音频素材，入点和出点指示器出现在波形图相应的位置，如图5-23所示。

图5-22 选择Audio Waveform（音频单位）命令

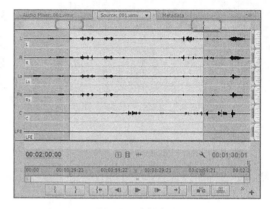

图5-23 剪辑音频

当用户在将一个同时含有影像和声音的素材拖入Sequence（序列）窗口中时，该素材的音频和视频部分会被放到相应的轨道中，如图5-24所示。

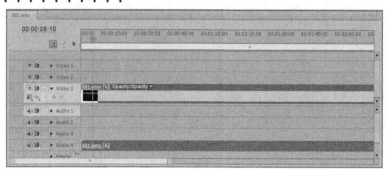

图5-24 Sequence（序列）窗口

🔧 实例：为素材设置入点和出点

源 文 件：	源文件\场景\第5章\为素材设置入点和出点.prproj
视频文件：	视频\第5章\为素材设置入点和出点.avi

用户在为素材设置入点和出点时，对素材的音频和视频部分同时有效，也可以为素材的视频或音频部分单独设置入点和出点。其具体的操作步骤如下。

01 打开随书附带光盘中的"源文件\素材\第5章\为素材设置入点和出点.prproj"，在Project（项目）窗口中选择需要添加入点和出点的素材，然后双击鼠标，使其在Source（源素材）监视窗口打开，如图5-25所示。

02 播放影片，当影片播放到00:00:01:00位置时，在菜单栏中选择Marker（标记）| Mark Split（设定素材标记）| Video In（视频入点）命令，如图5-26所示。

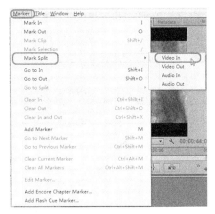

图5-25　打开素材文件　　　　图5-26　选择Video In（视频入点）命令

03 继续播放音频，当影片播放至00:00:40:00位置时，在菜单栏中选择Marker（标记）| Mark Split（设定素材标记）| Video Out（视频出点）命令，如图5-27所示。

04 设置完成后，在Source（源素材）监视窗口中查看添加入点和出点后的效果，如图5-28所示。

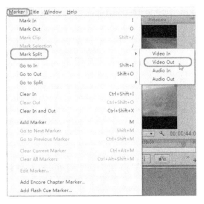

图5-27　选择Video Out（视频出点）命令　　　　图5-28　添加入点和出点后的效果

05 重新播放视频，当视频播放至00:00:25:00位置时，在菜单栏中选择Marker（标记）| Mark Split（设定素材标记）| Audio In（音频入点）命令，如图5-29所示。

06 播放视频，当视频播放至00:00:40:00位置时，在菜单栏中选择Marker（标记）| Mark Split（设定素材标记）| Audio Out（音频出点）命令，如图5-30所示。

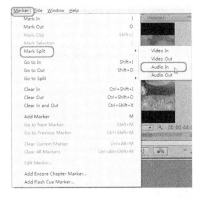

图5-29　选择Audio In（音频入点）命令　　　　图5-30　选择Audio Out（音频出点）命令

71

创意大学
Premiere Pro CS6标准教材

07 设置完成后，在Source（源素材）监视窗口中查看添加入点和出点后的效果，如图5-31所示。

08 打开Sequence（序列）窗口，将其拖曳至Sequence（序列）窗口中，观察视频与音频的形状，如图5-32所示。

图5-31 观察设置完成后的效果　　　　　图5-32 素材在序列中的形状效果

2. 在序列中剪辑素材

Premiere Pro CS6在Sequence（序列）窗口中提供了多种方式剪裁素材。用户可以使用入点和出点工具或其他编辑工具对素材进行简单或复杂的剪切。

为了更精细地剪裁，可以在序列中选择一个较小的时间单位。

1）使用Selection Tool（选择工具）剪裁素材

01 将Selection Tool（选择工具）按钮 放在要缩短或拉长的素材边缘上，鼠标光标变为 ，如图5-33所示。

02 拖动鼠标以缩短或增长该素材。当拖动鼠标时，素材被调节的入点或出点画面显示在Program（节目）监视窗口中，素材的开始和结束的时间码地址显示在Info（信息）面板中。当素材达到预定长度时，释放鼠标左键即可。

2）使用Rolling Edit Tool（滚动编辑工具）剪裁素材

Rolling Edit Tool（滚动编辑工具）按钮 可以调节一个素材的长度，但会增长或者缩短相邻素材的长度，以保持原来两个素材和整个轨道的总长度，如图5-34所示。滚动编辑通常被称为视频风格编辑，当选择Rolling Edit Tool（滚动编辑工具）时，用户可以使用边缘预览在Program（节目）监视窗口中观看该素材和相邻素材的边缘。

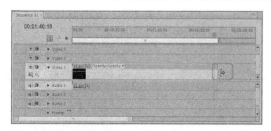
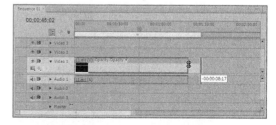

图5-33 使用Selection Tool（选择工具）裁剪　　　　图5-34 使用Rolling Edit Tool（滚动编辑工具）裁剪

使用Rolling Edit Tool（滚动编辑工具）剪辑视频的方法如下。

01 在Tools（工具）面板中选择Rolling Edit Tool（滚动编辑工具）按钮 ，如图5-35所示。

[02] 将光标放在两个素材的连接处并拖动以剪裁素材，Program（节目）监视窗口中显示相邻两帧的画面，如图5-36所示。

图5-35　选择Rolling Edit Tool（滚动编辑工具）工具　　　图5-36　Program（节目）监视窗口中相邻两帧的画面

[03] 一个素材的长度被调节了，其他素材的长度被缩短或拉长以补偿该调节。

3）使用Ripple Edit Tool（波纹编辑工具）剪裁素材

使用Ripple Edit Tool（波纹编辑工具）拖动对象的出点可改变对象长度，相邻对象会粘上来或退后，相邻对象长度不变，节目总时间改变。波纹编辑通常被称为胶片风格编辑。

使用Ripple Edit Tool（波纹编辑工具）剪裁素材的方法如下。

[01] 在Tools（工具）面板中选择Ripple Edit Tool（波纹编辑工具）。

[02] 将光标放在两个素材连接处，并拖动鼠标以调节预定素材的长度，如图5-37所示。

[03] 在Program（节目）监视窗口中显示裁剪后相邻两帧的画面，如图5-38所示。只有被拖动素材的画面变化，其相邻素材的画面不变。

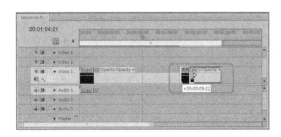

图5-37　使用Ripple Edit Tool（波纹编辑工具）裁剪　　　图5-38　裁剪后相邻两帧的画面

[04] 拖动片段边缘，其相邻片段的位置随之改变。在Program（节目）监视窗口中时间也会随之改变，如图5-39所示。

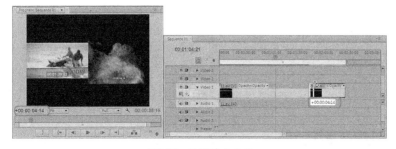

图5-39　时间随之改变

4）使用Slip Tool（错落工具）裁剪素材

Slip Tool（错落工具）可以改变一个对象的入点与出点，但保持其总长度不变，且不影响相邻的其他对象。

使用Slip Tool（错落工具）裁剪素材的方法如下。

01 在Tools（工具）面板中选择Slip Tool（错落工具）按钮。

02 单击需要编辑的片段并按住鼠标左键将其拖动，如图5-40所示。

03 注意Program（节目）监视窗口中发生的变化，如图5-41所示，左上图像为当前对象左边相邻片段的出点画面，右上图像为当前对象右边相邻片段的入点画面，下边图像为当前对象入点与出点画面，视窗左下方标识数字为当前对象改变的帧数（正值标识当前对象入点，出点向后面的时间改变；负值表示当前对象入点，出点向前面的时间改变）。按住鼠标左键，在当前对象中拖动Slip Tool（错落工具）。当前对象入点与出点以相同帧数改变，但其总时间不变，且不影响相邻片段。

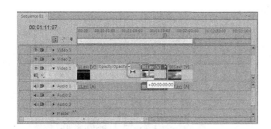

图5-40　使用Slip Tool（错落工具）拖动素材

图5-41　使用Slip Tool（错落工具）拖动素材时Program（节目）监视窗口的变化

5）使用Slide Tool（滑动工具）裁剪素材

使用Slide Tool（滑动工具）裁剪视频素材，可以保持要剪辑片段的入点与出点不变，通过其相邻片段入点和出点的改变，改变其时间线上的位置，并保持节目总长度不变。

使用Slide Tool（滑动工具）裁剪素材的方法如下。

01 在Tools（工具）面板中选择Slide Tool（滑动工具）按钮。

02 在需要编辑的片段上单击并按住鼠标左键将其拖动，如图5-42所示。

03 注意Program（节目）监视窗口中发生的变化，如图5-43所示，左下图像为当前对象左边相邻片段的出点画面，右下图像为当前对象右边相邻片段的入点画面，上方图像为当前对象入点与出点画面。标识数字为相邻对象改变的帧数。按住鼠标左键，在当前对象中拖动Slide Tool（滑动工具），当前对象左边相邻片段的出点与右边相邻片段的入点随当前对象移动以相同帧数改变（左边相邻片段出点与右边相邻片段入点画面中的数值显示改变的帧数，0表示相邻片段出点、入点没有改变；正值表示左边相邻片段出点与右边相邻片段入点向后面的时间改变；负值表示左边相邻片段出点与右边相邻片段入点向前面的时间改变）。当前对象在序列中的位置发生变化，但其入点与出点不变。

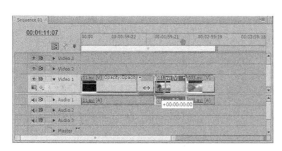

图5-42 使用Slide Tool（滑动工具）拖动素材

图5-43 使用Slide Tool（滑动工具）裁剪素材
时Program（节目）监视窗口中的画面

3. 改变影片速度

用户可以为素材指定一个新的百分比或长度来改变素材的速度。视频素材和音频素材默认的速度为100%，可以设置速度为-10000%～10000%，负的百分值使素材反向播放。当用户改变了一个素材的速度时，Program（节目）监视窗口和Info（信息）面板会反映出新的设置，用户可以设置序列中的素材（视音频素材、静止图像或切换）长度。

> 🔍 **提 示**
>
> 改变素材的速度会有效地减少增加原始素材的帧数，这会影响影片素材的运动质量和音频素材的声音质量。例如，设定一个影片的速度到50%（或长度增加1倍），影片产生慢动作效果；设定影片的速度到200%（或减半其长度），加倍素材的速度以产生快进效果。

如果同时改变了素材的方向，则确保在Field Options（场选项）对话框中选择了Reverse Field Dominance（交换场顺序）。设置这些场选项，会消除可能产生的不平稳运动。

使用Tools（工具）面板中的Rate Stretch Tool（速度伸缩工具）按钮，也可以对片段进行相应的速度调整，改变片段长度。选择Rate Stretch Tool（速度伸缩工具）按钮。然后拖动片段边缘，对象速度被改变，但入点、出点不变。

> 🔍 **提 示**
>
> 对素材进行变速后，有可能导致播放质量下降，出现跳帧现象。这时候可以使用帧融合技术使素材播放得更加平滑。帧融合技术通过在已有的帧之间插入新帧来产生更平滑的运动效果。当素材的帧速率低于作品的帧速度时，Premiere Pro CS6通过重复显示上一帧来填充缺少的帧，这时，运动图像可能会出现抖动。通过帧融合技术，Premiere Pro CS6在帧之间插入新帧来平滑运动。当素材的帧速率高于作品的帧速率时，Premiere Pro CS6会跳过一些帧，这时同样会导致运动图像抖动。通过帧融合技术，Premiere Pro CS6重组帧来平滑运动，使用帧融合将耗费更多计算时间。

在Sequence（序列）窗口选择素材文件，单击鼠标右键，在弹出的快捷菜单中选择Frame Hold（帧定格）命令，如图5-44所示，弹出Frame Hold Options（帧定格选项）对话框，如图5-45所示。在该对话框中选中Hold Filters（定格滤镜）复选框即可应用帧融合技术，如图5-46所示。

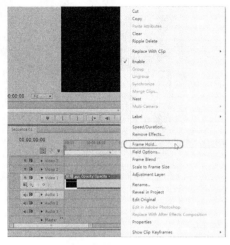

图5-45　Frame Hold Options（帧定格）对话框

图5-44　选择Frame Hold（帧定格）命令　　　　图5-46　选中Hold Filters（定格滤镜）选项

　　改变影片速度的方法如下。

① 在Sequence（序列）窗口中选择素材文件，单击鼠标右键，在弹出的快捷菜单中选择Speed/
　 Duration（速度/持续时间）命令，如图5-47所示。

② 选择该命令后，弹出Clip Speed/Duration（素材速度/持续时间）对话框，如图5-48所示。

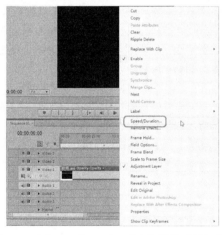

图5-47　选择Speed/Duration（速度/持续时间）命令　　图5-48　Clip Speed/Duration（素材速度/持续时间）对话框

③ 在对话框中的Speed（速度）选项用于控制影片的播放速度，100%为素材的原始速度，低
　 于100%的时候速度变慢，高于100%的时候速度变快；在Duration（持续时间）栏中输入新
　 时间，会改变影片出点，如果该选项与Speed（速度）链接，则改变影片速度；选择Reverse
　 Speed（倒放速度）选项，可以倒播影片；Maintain Audio Pitch（保持音调不变）选项用于锁
　 定音频。设置完毕，单击OK按钮退出。

　　设置静止图像默认长度的方法如下。

① 在菜单栏中选择Edit（编辑）| Preferences（首选项）| General（常规）命令，如图5-49所示。

② 执行该命令后，即可弹出Preferences（首选项）对话框，如图5-50所示。

③ 在Still Image Default Duration（静帧图像默认持续时间）栏中以帧为单位输入静止图像新长度
　 即可。

图5-49　选择General（常规）命令

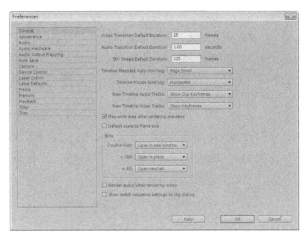

图5-50　Preferences（首选项）对话框

4. 创建静止帧

可以冻结需要保持其长度的素材中特写的帧。冻结一帧将产生与静止图像相同的效果。用户可以在素材的入点、出点和标记点0处冻结帧。

产生一个冻结帧的方法如下。

01 为需要冻结的帧设置入点、出点和标记点0。

02 在Sequence（序列）中选择该素材，单击鼠标右键，在弹出的快捷菜单中选择Frame Hold（帧定格）命令，弹出Frame Hold Options（帧定格选项）对话框，如图5-51所示。

03 选中Hold On（定格在）复选框，即可选择一个需要冻结的帧。在弹出的下拉列表中，In Point（入点）表示静止帧保持在入点位置，Marker 0（标记点0）表示静止帧保持在标记点0位置，Out Point（出点）表示静止帧保持在出点位置，如图5-52所示。

图5-51　Frame Hold Options（帧定格选项）对话框　　　　图5-52　Hold On（定格在）下拉选项

04 选中Hold Filters（定格滤镜）复选框，可以将应用到素材片段的滤镜效果静止。

05 选中Deinterlace（反交错）复选框，可以为素材片段进行非交错场处理，消除一些场方面带来的画面闪烁，设置完成后，单击OK按钮。

5. 在Sequence（序列）窗口中粘贴素材或素材属性

Premiere Pro CS6提供了标准的Windows编辑命令，用于剪切、复制和粘贴素材，这些命令都在Edit（编辑）菜单下。

- Cut（剪切）：将选择的内容剪切掉并存入到剪贴板中，以供粘贴。
- Copy（复制）：复制选取的内容并存到剪贴板中，对原有的内容不进行任何修改。
- Paste（粘贴）：把剪贴板中保存的内容粘贴到指定的区域中，可以进行多次粘贴。

Premiere Pro CS6还提供了两个独特的粘贴命令，即Paste Insert（粘贴插入）和Paste Attributes（粘贴属性）。

- Paste Insert（粘贴插入）：将所复制的或剪切的素材粘贴到Sequence（序列）窗口中，编辑标识线所在位置，处于其后方的影片会等距离后退。
- Paste Attributes（粘贴属性）：粘贴一个素材的属性（滤镜效果、运动设定及不透明度设定等）到序列中的目标上。

粘贴的使用方法如下。

01 选择素材，然后选择Edit（编辑）|Copy（复制）命令（或按Ctrl+C组合键），如图5-53所示。

02 在Sequence（序列）窗口中将编辑标识线移动到需要粘贴的位置。

03 选择Edit（编辑）|Paste Insert（粘贴插入）命令，如图5-54所示。影片被粘贴到编辑标识线位置，其后的影片等距离后退。

图5-53　选择Copy（复制）命令

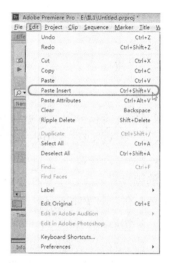

图5-54　选择Paste Insert（粘贴插入）命令

6. 场设置

在使用视频素材时，会遇到交错视频场的问题，它严重影响着最后的合成质量。随着视频格式、采集和回放设备的不同，场的优先顺序也是不同的。如果场顺序反转，其运动会变得僵持和闪烁。在编辑中，改变片段的速度、输出胶片带、反向播放片段或冻结视频帧，都有可能遇到场处理问题。所以，正确的场设置在视频编辑中是非常重要的。

在选择场顺序后，应该播放影片，观察影片是否能够平滑地进行播放。如果出现了跳动的现象，则说明场的顺序是错误的。

> 🔍 **提 示**
>
> 　　对于采集或上载的视频素材，一般情况下都要对其进行场分离设置。另外。如果要将计算机中完成的影片输出到用于电视监视器播放的领域，在输出时也要对场进行设置，输出到电视机的影片是具有场的。也可以为没有场的影片添加场，例如，使用三维动画软件输出的影片，在输出的时候没有输出场，录制到录像带在电视上播出的时候，就会出现问题，这时候可以为其在输出前添加场。用户可以在渲染设置中进行场设置。

一般情况下，在新建节目的时候，就要指定正确的场顺序。这里的顺序一般要按照影片的输出设备来设置。

在New Sequence（新建序列）对话框中的Settings（设置）选项卡中，在Video（视频）区域中Fields（场）下拉列表中指定编辑影片所使用的场方式，如图5-55所示。No Fields（Progressive Scan）（无场，逐行扫描）应用于非交错场影片。在编辑交错场影片时，要根据相关视频硬件显示奇偶场的顺序，选择Upper Field First（上场优先）或者Lower Field First（下场优先）选项。在输入影片的时候，也有类似的选项设置。

如果在编辑过程中得到的素材场顺序都有所不同，则必须使其统一，并符合编辑输出的场设置。

调整方法：在Sequence（序列）窗口中选择素材文件，单击鼠标右键，在弹出的菜单中选择Field Options（场选项）命令，如图5-56所示。

图5-55　设置Fields（场）顺序

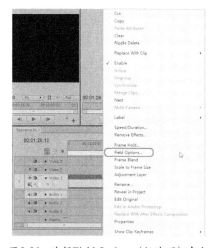

图5-56　选择Field Options（场选项）命令

在弹出的Field Options（场选项）对话框中进行设置，如图5-57所示。

下面讲解一下Field Options（场选项）对话框中的选项。

- Reverse Field Dominance（交换场序）：反转场控制。如果素材场顺序与视频采集卡场顺序相反，则选中该复选框。
- None（无）：不进行处理。
- Interlace Consecutive Frames（交错相邻帧）：交错场处理，将非交错场转换为交错场。

图5-57　Field Options（场选项）对话框

- Always Deinterlace（总是反交错）：非交错场处理，将交错场转换为非交错场。
- Flicker Removal（消除闪烁）：该选项消除细水平线的闪烁。当该选项没有被选择时，一个只有一个像素的水平线只在两场中的其中一场出现，则在回放时会导致闪烁；选择该选项，将使扫描线的百分值增加或降低以混合扫描线，使一个像素的扫描线在视频的两场中都出现。在Premiere Pro CS6中播出字幕时，一般都要将该项打开。

7. 删除素材

如果用户决定不使用Sequence（序列）窗口中的某个素材片段，则可以在Sequence（序列）窗口中将其删除。在Sequence（序列）窗口中删除一个素材文件，仅对于Sequence（序列）而言，Project（项目）窗口中的素材不会受到影响。当用户删除一个素材后，可以在轨道上的该素

材处留下空位，也可以选择Clear（清除）命令，将其他所有轨迹上的内容向左移动覆盖被删除的素材留下的空位。

　　1）删除素材

　　方法如下。

🔲 在Sequence（序列）窗口中选择一个或多个素材。

🔲 按键盘Delete键或选择Edit（编辑）| Ripple Delete（波纹删除）命令，如图5-58所示。

　　2）清除素材

　　方法如下。

🔲 在Sequence（序列）窗口中选择一个或多个素材。

🔲 单击鼠标右键，在弹出的快捷菜单中选择Clear（清除）命令，如图5-59所示。

图5-58　选择Ripple Delete（波纹删除）命令

图5-59　选择Clear（清除）命令

> 🔍 提 示
>
> 如果不希望其他轨道的素材移动，可以锁定该轨道。

▶ 5.1.5　设置标记点

　　设置标记点可以帮助用户在Sequence（序列）窗口中对齐素材或进行切换，还可以快速寻找目标位置，如图5-60所示。

　　标记点和Sequence（序列）窗口中的Snap（吸附）按钮 🔳 共同工作。若Snap（吸附）🔳 被选中，则Sequence（序列）窗口中的素材在标记的有限范围内移动时，就会快速与邻近的标记靠齐。对于Sequence（序列）窗口以及每一个单独的素材，都可以加入100个带有数字的标记点（0～99）和最多999个不带数字的标记点。

　　Source（源素材）监视窗口的标记工具用于设置素材片段的标记，Program（节目）监视窗口的标记工具用于设置序列中时间线上的标记。创建标记点后，可以先选择标记点，然后移动。

1. 设置素材的标记点

1）为Source（源素材）监视窗口中的素材设置标记点

为Source（源素材）监视窗口中的素材设置标记点的方法如下。

☐1 在Source（源素材）监视窗口中选择要设置标记的素材。

☐2 在Source（源素材）监视窗口找到设置标记的位置，然后单击Add Marker（添加标记）按钮
　，为该处添加一个标记点，也可以按键盘上的M键，或在菜单栏中选择Marker（标记）|
Add Marker（添加标记）命令，如图5-61所示。

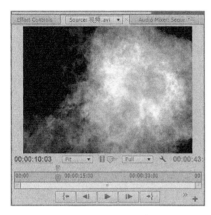

图5-60　设置无编号标记　　　　　　　　图5-61　选择Add Marker（添加标记）命令

> 🔍 **提　示**
>
> 按M键时，需要将输入法设置为英文状态，此时按*键才会起作用。

用户可在此为其添加数字标记，为其添加数字标记的方法如下。

☐1 在Source（源素材）监视窗口中选择需要添加标记的位置，单击鼠标右键，在弹出的快捷菜
单中选择Add Encore Chapter Marker…（设置Encore章节标记）命令，如图5-62所示。

☐2 在弹出的对话框中将Name（名称）设置为"章节标记"，点选Encore Chapter Marker（Encore
章节标记），其他参数为默认设置，如图5-63所示。

图5-62　选择Add Encore Chapter Marker（设置Encore章节标记）命令　　　图5-63　Marker（标记）对话框

　　添加Flash提示标记的方法与添加Encore章节标记的方法相同，在此不再赘述。

03 设置完成后，单击OK按钮，即可在Source（源素材）监视窗口中为其添加章节标记。

　　2）为Sequence（序列）设置标记点

　　为序列设置标记点的方法如下。

01 在Sequence（序列）中选择素材，将时间线拖曳至需要设置标记的位置。

02 单击该窗口中的Add Marker（添加标记）按钮 ▾，即可为其添加标记，如图5-64所示。

图5-64　设置序列标记点

2. 使用标记点

　　为素材或序列设置标记后，用户可以快速找到某个标记位置或通过标记使素材对齐。

　　查找目标标记点的方法如下。

　　在Source（源素材）监视窗口中单击Go to Next Marker（跳转至下一个标记）按钮 ▾▾ 或Go to Previous Marker（跳转至上一个标记）按钮 ▾◂，可以找到上一个或者下一个标记点。

　　可以利用标记点在素材与素材或与序列之间进行对齐。在Sequence（序列）窗口中拖动素材上的标记点，这时会有一条参考线弹出在标记点中央，帮助对齐素材或者序列上的标记点。当标记点对齐后，松开鼠标即可。

3. 删除标记点

　　用户可以随时将不需要的标记点删除。

　　如果要删除单个标记点，选择需要删除的标记单击鼠标右键，在弹出的快捷菜单中选择Clear Current Marker（清除当前标记）命令，如图5-65所示。

图5-65　选择Clear Current Marker（清除当前标记）命令

如果要删除全部标记点，选择一个标记点单击鼠标右键，在弹出的快捷菜单中选择Clear All Markers（清除全部标记）命令，如图5-66所示。

图5-66　选择Clear All Markers（清除全部标记）命令

5.2 使用Premiere Pro CS6分离素材

在Sequence（序列）窗口中可以将一个完整的素材切割成为两个或多个单独的素材，还可以使用插入按钮进行三点或者四点编辑，也可以将链接素材的音频或视频部分分离，或将分离的音频和视频素材链接起来。

▶ 5.2.1　切割素材

当用户切割一个素材时，实际上是建立了该素材的两个副本。

为了保证当素材在一个轨道上进行编辑时，其他轨道上的素材不被影响，可以在Sequence（序列）窗口中锁定轨道。

将一个素材切割成两个素材的方法如下。

[01] 在Tools（工具）面板中单击Razor Tool（剃刀工具）按钮。

[02] 在素材需要剪切的位置处单击，该素材即可被切割成为两个素材，每一个素材都有其独立的长度、入点与出点，如图5-67所示。

如果要将多个轨道上的素材在同一点进行分割，则按住Shift键，这时会显示多重刀片，轨道上所有未锁定的素材都在该位置被分为两段，如图5-68所示。

图5-67　使用Razor Tool（剃刀工具）切割素材

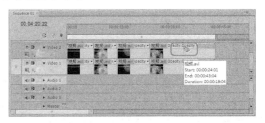

图5-68　多重切割素材

选择Sequence（序列）| Add Edit（添加编辑）命令，如图5-69所示，可以在时间标示点处剪切素材，如图5-70所示。

图5-69　选择Add Edit（添加编辑）命令

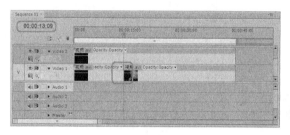

图5-70　在当前时间点剪切素材

▶ 5.2.2　插入和覆盖编辑

用户可以选择插入和覆盖编辑，将Source（源素材）监视窗口或者Program（节目）监视窗口中的影片插入到Sequence（序列）窗口中。在插入素材时，可以锁定其他轨道上的素材或转场，以避免引起不必要的变动。锁定轨道非常有用，例如，可以在影片中插入一个视频素材而不改变音频轨道。

单击Insert（插入）按钮 🔛 或Overwrite（覆盖）按钮 🖳，可以将Source（源素材）监视窗口中的片段直接置入Sequence（序列）窗口中编辑标识线位置的当前轨道中。

1. 插入编辑

使用Insert（插入）按钮置入片段时，凡是处于编辑标识线之后（包括部分处于时间指示器之后）的素材都会向后推移。如果编辑标识线位于目标轨道中的素材之上，插入的新素材会把原有素材分为两段，直接插在其中，原素材的后半部分将会向后推移，接在新素材之后。

使用Insert（插入）按钮 🔛 插入素材的方法如下。

01 在Source（源素材）监视窗口中选中要插入到序列中的素材，并为其设置入点和出点。

02 在Project（项目）窗口中将需要插入的素材拖曳至Sequence（序列）窗口中，在Program（节目）监视窗口中将编辑标识线移动到需要插入素材的时间点。

03 在Source（源素材）监视窗口中单击Insert（插入）按钮 🔛，如图5-71所示，即可将需要插入的素材插入到标识线的位置，把原有素材分为两段，原素材的后半部分将会向后推移，接在新素材之后，这样素材的长度会增长，如图5-72所示。

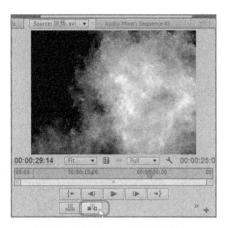

图5-71　单击Insert（插入）按钮

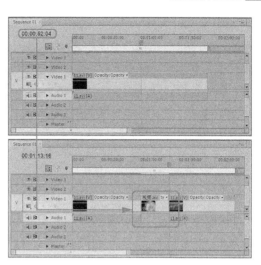

图5-72　插入素材

2. 覆盖编辑

使用Overwrite（覆盖）按钮 ▣ 插入素材的方法如下。

① 在Source（源素材）监视窗口中选择要覆盖影片的素材，并为其设置入点和出点。

② 在Project（项目）窗口中将需要覆盖素材的素材拖曳至Sequence（序列）窗口中，在Program（节目）监视窗口中将编辑标识线移动到需要覆盖素材的时间点。

③ 在Source（源素材）监视窗口中单击Overwrite（覆盖）按钮 ▣ ，如图5-73所示，加入的新素材在编辑标识线处覆盖其下面的素材，素材总长度保持不变，如图5-74所示。

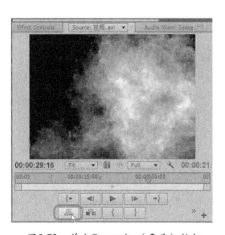

图5-73　单击Overwrite（覆盖）按钮

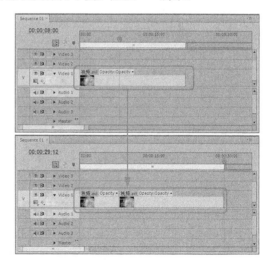

图5-74　覆盖素材

▶ 5.2.3　提升和提取编辑

使用Lift（提升）按钮 ▣ 和Extract（提取）按钮 ▣ ，可以在Sequence（序列）窗口的指定轨道上删除指定的一段节目。

1. 提升编辑

使用Lift（提升）按钮 ▦ 对影片进行删除修改时，只会删除目标轨道中选定范围内的素材片段，对其前、后的素材以及其他轨道上素材的位置都不会产生影响。

使用Lift（提升）按钮 ▦ 的方法如下。

01 在Program（节目）监视窗口中为素材需要提升的部分设置入点、出点，如图5-75所示。

02 设置的入点和出点同时显示在Sequence（序列）窗口的时间线上，如图5-76所示。

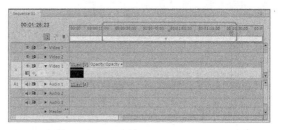

图5-75　Program（节目）监视窗口　　　　图5-76　选择提升的部分素材

03 在Sequence（序列）窗口中选中提升素材的目标轨道。

04 在Program（节目）监视窗口中单击Lift（提升）按钮 ▦ ，如图5-77所示，标记入点和出点间的素材被删除，删除后的区域留下空白，如图5-78所示。

图5-77　单击Lift（提升）按钮　　　　图5-78　删除后的素材

2. 提取编辑

使用Extract（提取）按钮 ▦ 对影片进行删除修改，不但会删除目标选择栏中指定的目标轨道中指定的片段，还会将其后的素材前移以填补空缺。而且，对于其他未锁定轨道中位于该选择范围之内的片段也一并删除，并将后面的所有素材前移。

使用Extract（提取）按钮 ▦ 的方法如下。

01 在Program（节目）监视窗口中为素材需要删除的部分设置入点、出点，设置的入点和出点同时也显示在序列的时间线上。

02 在Sequence（序列）窗口中选择删除素材的目标轨道。

03 在Program（节目）监视窗口中单击Extract（提取）按钮 ▦ ，如图5-79所示。入点和出点间的素材被删除，其后的素材将自动前移以填补空缺，如图5-80所示。

图5-79　单击Extract（提取）按钮

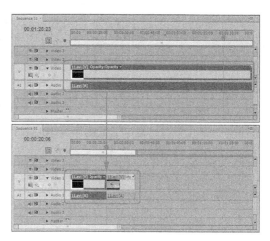

图5-80　提取素材后的效果

5.2.4　分离和链接素材

在编辑工作中，经常需要将Sequence（序列）窗口中的视、音频链接素材的视频和音频部分分离。用户可以完全打断或者暂时释放链接素材的链接关系并重新放置其各部分。当然，很多时候也需要将各自独立的视频和音频链接在一起，作为一个整体调整。

为素材建立链接的方法如下。

01　在Sequence（序列）窗口中选择要进行链接的视频和音频片段。

02　单击鼠标右键，从弹出的快捷菜单中选择Link（链接视音频）命令，视频和音频就被链接在一起，如图5-81所示。

分离素材的方法如下。

01　在Sequence（序列）窗口中选择音视频链接的素材。

02　单击鼠标右键，选择弹出菜单中的Unlink（解除视音频链接）命令，即可分离素材的音频和视频部分，如图5-82所示。

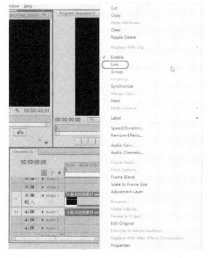

图5-81　选择Link（链接视音频）命令

图5-82　选择Unlink（解除视音频链接）命令

5.3 Premiere Pro CS6中的编组和嵌套

在编辑工作中，经常需要对多个素材整体进行操作。这时候，使用Group（编组）命令，可以将多个片段组合为一个整体来进行移动、复制及编辑等操作。

建立编组素材的方法如下。

01 在Sequence（序列）窗口中框选要编组的素材。

02 按住Shift键选择素材，可以加选素材。

03 在选定的素材上右键单击，选择弹出菜单中的Group（编组）命令，选中的素材被编组，如图5-83所示。

素材编组后，在进行移动、复制等操作的时候，就会作为一个整体进行操作。

> **提 示**
>
> 编组的素材无法改变其属性，如改变编组的不透明度或添加特效等，这些操作仍然只针对单个素材有效。

如果要取消编组效果，可以右键单击群组对象，选择弹出菜单中的Ungroup（取消编组）命令即可，如图5-84所示。

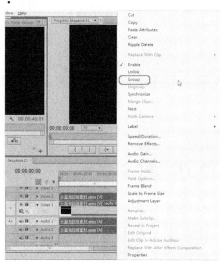

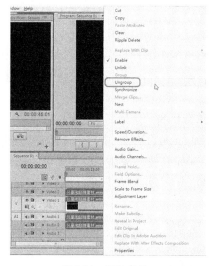

图5-83 编组素材   图5-84 解组素材

Premiere Pro CS6在非线性编辑软件中引入了合成的嵌套概念，可以将一个序列嵌套到另外一个序列中，作为一整段素材使用。对嵌套素材的源序列进行修改，会影响到嵌套素材；而对嵌套素材的修改则不会影响到其源序列。使用嵌套可以完成普通剪辑无法完成的复杂工作，并且可以在很大程度上提高工作效率。例如，进行多个素材的重复切换和特效混用。

建立嵌套素材的方法如下。

01 首先，节目中必须有至少两个序列存在，在Sequence（序列）窗口中切换到要加入嵌套的目标序列。

02 在Project（项目）窗口中选择产生嵌套的序列，如Sequence 01（序列01），然后按住鼠标左键，将Sequence 01（序列01）拖入Sequence 02（序列02）的轨道上即可，如图5-85所示。

双击嵌套素材，可以直接回到其源序列中进行编辑。嵌套可以反复进行。处理多级嵌套素材时，需要大量的处理时间和内存。

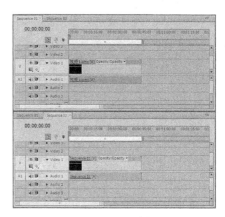

> 🔍 **提 示**
>
> 不能将一个没有剪辑的空序列作为嵌套素材使用。

图5-85 嵌套素材

5.4 使用Premiere Pro CS6创建新元素

Premiere Pro CS6除了使用导入的素材，还可以建立一些新素材元素。下面就来进行详细的讲解。

▶ 5.4.1 通用倒计时片头

Universal Counting Leader（通用倒计时片头）通常用于影片开始前的倒计时准备。Premiere Pro CS6为用户提供了现成的Universal Counting Leader（通用倒计时片头），用户可以非常简便地创建一个标准的倒计时素材，并可以在Premiere Pro CS6中随时对其进行修改。

创建倒计时素材的方法如下。

🔟 在Project（项目）窗口中单击The new item（新建分项）按钮🔳，在弹出的快捷菜单中选择Universal Counting Leader（通用倒计时片头）命令，如图5-86所示。在弹出的New Universal Counting Leader（新建通用倒计时片头）对话框中进行设置，然后单击OK按钮，进入Universal Counting Leader Setup（通用倒计时片头设置）对话框，如图5-87所示。

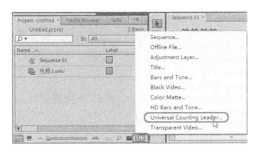

图5-86 选择命令

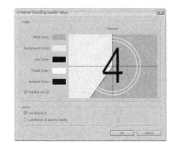

图5-87 Universal Counting Leader Setup
（通用倒计时片头设置）对话框

- Wipe Color（划变色）：擦除颜色。播放倒计时影片的时候，指示线会不停地围绕圆心转动，在指示线转动方向之后的颜色为当前划扫颜色。
- Background Color（背景色）：背景颜色。指示线转换方向之前的颜色为当前背景颜色。
- Line Color（线条色）：指示线颜色。固定十字及转动的指示线的颜色由该项设定。
- Target Color（目标色）：准星颜色。指定圆形的准星的颜色。

- Numeral Color（数字色）：数字颜色。倒计时影片8、7、6、5、4等数字的颜色。
- Cue Blip on out（出点提示音）：在倒计时出点时发出的提示音。
- Cue Blip on 2（倒数第2秒时提示音）：2秒点是提示标志。在显示"2"的时候发声。
- Cue Blip at all Second Starts（每秒开始时提示音）：每秒提示标志，在每一秒钟开始的时候发声。

02 设置完毕后，单击OK按钮，Premiere Pro CS6自动将该段倒计时影片加入Project（项目）窗口。

用户可在Project（项目）窗口或Sequence（序列）窗口中双击倒计时素材，随时打开Universal Counting Leader Setup（通用倒计时片头设置）窗口进行修改。

▶ 5.4.2 彩条测试卡和黑场视频

1. 彩条测试卡

Premiere Pro CS6可以在开始前为影片加入一段彩条。在Project（项目）窗口中单击The new item（新建分项）按钮，在弹出的菜单中选择Bars and Tone（彩条）命令，如图5-88所示。

2. 黑场视频

Premiere Pro CS6可以在影片中创建一段黑场。在Project（项目）窗口中单击The new item（新建分项）按钮，在弹出的菜单中选择Black Video（黑场）命令，如图5-89所示。

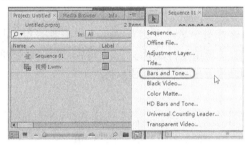
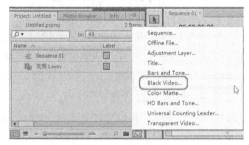

图5-88　选择Bars and Tone（彩条）命令　　　　图5-89　选择Black Video（黑场）命令

▶ 5.4.3 彩色遮罩

Premiere Pro CS6还可以为影片创建一个颜色蒙版。用户可以将颜色蒙版作为背景，也可以利用Opacity（透明度）命令来设定与它相关的色彩的透明性。

创建颜色蒙版的方法如下。

01 在Project（项目）窗口中单击The new item（新建分项）按钮，在弹出的菜单中选择Color Matte（彩色蒙版）命令，如图5-90所示，此时会弹出New Color Matte（新建彩色蒙版）对话框，单击OK按钮，弹出Color Picker（颜色拾取）窗口，如图5-91所示。

02 在Color Picker（颜色拾取）窗口中选取颜色蒙版所要使用的颜色，单击OK按钮即可。这时会弹出一个Choose Name（选择名称）对话框，在Choose name for new matte（选择用于新建蒙版的名称）下的文本框中输入名称，然后单击OK按钮，如图5-92所示。

🔍 提 示

用户可在Project（项目）窗口或Sequence（序列）窗口中双击彩色蒙版，随时打开Color Picker（颜色拾取）对话框进行修改。

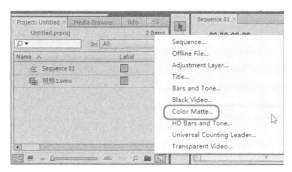

图5-90　选择Color Matte（彩色蒙版）命令

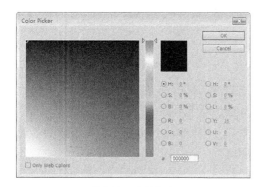

图5-91　选择颜色

图5-92　设置名称

5.5　拓展练习——剪辑影视片段

源　文　件：	源文件\场景\第5章\剪辑影视片段.prproj
视频文件：	视频\第5章\剪辑影视片段.avi

　　本例将通过在Source（源素材）监视窗口来剪辑影视片段，并将剪辑的片段放到序列上进行组合、调整，制作出更精彩的影片，完成效果如图5-93所示。

图5-93　剪辑影片片段效果

01 启动Premiere Pro CS6软件，在欢迎界面中单击New Project（新建项目）按钮，在弹出的New Project（新建项目）对话框中为其指定一个正确的存储路径，并将其命名为"剪辑影视片段"，如图5-94所示。

02 设置完成后单击OK按钮，即可弹出New Sequence（新建序列）窗口，保持其默认设置，单击OK按钮，如图5-95所示。

图5-94　New Project（新建项目）对话框　　　　图5-95　New Sequence（新建序列）窗口

03 新建项目文件后，按Ctrl+I组合键，在弹出的对话框中选择随书附带光盘中的"源文件\素材\第5章\视频片段1.avi、视频片段2.avi"，如图5-96所示。

04 单击"打开"按钮，即可将选择的素材文件添加到Project（项目）窗口中，如图5-97所示。

图5-96　选择素材文件　　　　　　　　　图5-97　Project（项目）窗口

05 在Project（项目）窗口中双击"视频片段1.avi"素材文件，即可将其在Source（源素材）监视窗口中打开，如图5-98所示。

06 在Source（源素材）监视窗口中单击Button Editor（按钮编辑器）按钮，在弹出的选项列表中选择Mark In（标记入点）按钮　　，将其拖曳至Source（源素材）监视窗口中，如图5-99所示。

图5-98　播放视频素材　　　　　　　　　图5-99　添加按钮

[07] 使用同样的方法，分别添加Mark Out（标记出点）按钮 、Insert（插入）按钮 ，添加完成后单击OK按钮即可，如图5-100所示。

[08] 在Source（源素材）监视窗口中，将时间线指针拖至00:00:00:00处，在该窗口中单击Mark In（标记入点）按钮 ，为其添加入点，如图5-101所示。

图5-100　添加的编辑按钮　　　　　　　　　图5-101　设置入点

[09] 设置完成后，将时间线指针拖至00:00:30:00处，在该窗口中单击Mark Out（标记出点）按钮 ，为其添加出点，如图5-102所示。

图5-102　设置出点

[10] 设置完素材的入点和出点之后，在该窗口单击Insert（插入）按钮 ，将设置完成后的视频片段插入到Sequence（序列）窗口中，如图5-103所示。

图5-103　在Sequence（序列）窗口中添加素材

[11] 在Sequence（序列）窗口中选择插入的素材，单击鼠标右键，在弹出的快捷菜单中选择Unlink（解除视音频链接）命令，如图5-104所示。

[12] 执行完该命令之后，即可将素材的视频与音频分离链接，然后选择音频，按Delete键将其进行删除，如图5-105所示。

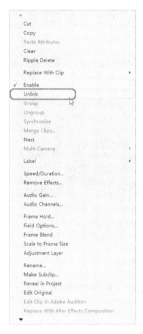

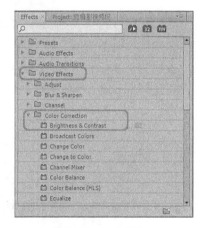

图5-104 选择Unlink（解除视音频链接）命令　　　　　图5-105 删除音频

🔢 在Sequence（序列）窗口中选择未删除的视频素材，打开Effect Controls（特效控制）窗口，将Motion（运动）选项组中的Scale（比例）设置为110.0，如图5-106所示。

🔢 设置完成后，切换至Effects（特效）窗口，选择Video Effects（视频特效）文件夹，在该文件夹中选择Color Correction（色彩校正）中的Brightness & Contrast（亮度&对比度）特效，如图5-107所示。

图5-106 设置缩放比例　　　　　　　　　　图5-107 选择特效

🔢 选择Brightness & Contrast（亮度&对比度）特效，将其拖曳至Sequence（序列）窗口中Video 1（视频1）轨道的视频素材上，在Effect Controls（特效控制）窗口中将Brightness & Contrast（亮度&对比度）选项组下的Brightness（亮度）设置为4.0，Contrast（对比度）设置为1.5，如图5-108所示。

🔢 使用同样的方法，将"视频片段2.avi"在Source（源素材）监视窗口中打开，并在00:00:00:00位置设置入点，在00:00:20:00位置设置出点，如图5-109所示。

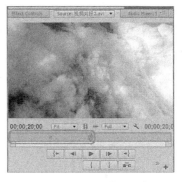

图5-108　设置Brightness & Contrast（亮度&对比度）参数　　　图5-109　设置入点和出点

🔟 在Sequence（序列）窗口中，将时间线指针调整至"视频片段1.avi"素材的结束位置，在Source（源素材）监视窗口中单击Insert（插入）按钮 📠，将其插入到Video 1（视频1）轨道中，如图5-110所示。

图5-110　插入剪辑后的素材

🔟 选择新插入的视频素材，单击鼠标右键，在弹出的快捷菜单中选择Unlink（解除视音频链接）命令，如图5-111所示。

🔟 执行完该命令之后，即可将素材的视频与音频分离链接，然后选择音频，将其按Delete键进行删除，如图5-112所示。

图5-111　选择Unlink（解除视音频链接）命令　　　图5-112　删除音频素材

⃝20 在Sequence（序列）窗口中选择"视频片段2.avi"文件，打开Effect Controls（特效控制）窗口，将Motion（运动）选项组中的Scale（比例）设置为110.0，如图5-113所示。

⃝21 设置完成后，在Video Effects（视频特效）文件夹下，选择Color Correction（色彩校正）下的Brightness & Contrast（亮度&对比度）特效，并在Effect Controls（特效控制）窗口中将Brightness & Contrast（亮度&对比度）选项组下的Brightness（亮度）设置为4.0，Contrast（对比度）设置为1.5，如图5-114所示。

图5-113　设置Scale（比例）参数

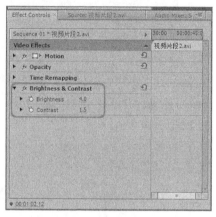

图5-114　设置Brightness & Contrast（亮度&对比度）参数

⃝22 打开Effects（特效）窗口，在Video Transitions（视频转场特效）文件夹下，选择Dissolve（叠化）下的Cross Dissolve（交叉叠化）特效，如图5-115所示。

⃝23 将其拖曳至Sequence（序列）窗口中第二段素材的开始位置，如图5-116所示。

图5-115　选择Cross Dissolve（交叉叠化）特效

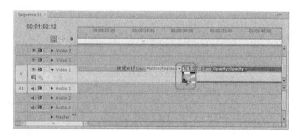

图5-116　添加特效

⃝24 在Sequence（序列）窗口中选择添加的转场效果，打开Effect Controls（特效控制）窗口，将Duration（持续时间）设置为00:00:02:10，如图5-117所示。

⃝25 视频剪辑至此就完成了，下面将剪辑后的视频导出，按Ctrl+M组合键，弹出Export Settings（导出设置）对话框，在该对话框中单击Output Name（输出名称）右侧的文字，在弹出的对话框中为其指定一个正确的存储路径，并将其命名为"剪辑影视片段"，其格式为默认设置，如图5-118所示。

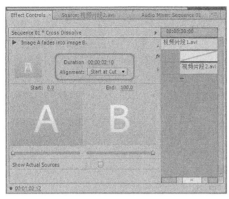
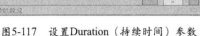

图5-117　设置Duration（持续时间）参数

图5-118　Save As（另存为）对话框

26 设置完成后单击"保存"按钮，回到Export Settings（导出设置）对话框中，单击Export（导出）按钮，如图5-119所示。

27 导出影片会以进度条的形式进行，如图5-120所示。

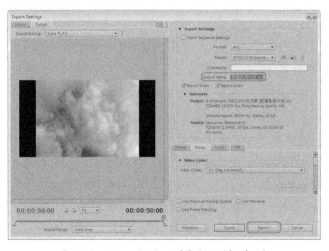

图5-119　Export Settings（导出设置）对话框

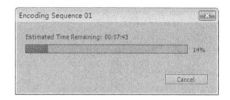

图5-120　导出进度

5.6　本章小结

本章主要介绍了素材剪辑的基础，其中包括剪辑素材、分离素材、编组和嵌套等操作。

- 在Source（源素材）监视窗口中单击Button Editor（按钮编辑器）按钮 ，在弹出的Button Editor（按钮编辑器）选项列表中单击Safe Margins（安全框）按钮 ，并将其拖曳至Source（源素材）监视窗口，完成后单击OK按钮，回到Source（源素材）监视窗口中，单击添加的Safe Margins（安全框）按钮 ，Source（源素材）窗口中即可显示安全区域。

- 在Tools（工具）面板中单击Razor Tool（剃刀工具）按钮 ，在素材需要剪切的位置处单击，该素材即可被切割成为两个素材。

- 在Sequence（序列）窗口中选择要进行链接的视频和音频片段。单击鼠标右键，从弹出的快捷菜单中选择Link（链接视音频）命令，视频和音频就被链接在一起。

- 在序列中选择视音频链接的素材，单击鼠标右键，选择弹出菜单中的Unlink（解除视音频链接）命令，即可分离素材的音频和视频部分。

5.7 课后习题

1. 选择题

（1）用户可以为素材指定一个新的百分比或长度来改变素材的速度。视频素材和音频素材默认的速度为（　　）。

    A. 1%　　　　　　　　　　　　　　B. 50%

    C. 86%　　　　　　　　　　　　　　D. 100%

（2）下面百分值设置速度为（　　）时会使素材反向播放。

    A. -10000% ~ 10000%　　　　　　　B. 5000% ~ 1000%

    C. 1000% ~ -5000%　　　　　　　　D. 10000% ~ -10000%

2. 填空题

（1）在Premiere Pro CS6中的编辑过程是＿＿＿＿＿＿的，可以在任何时候＿＿＿＿＿＿、＿＿＿＿＿＿、＿＿＿＿＿＿传递和删除素材片段，还可以采取各种各样的顺序和效果进行试验，并在合成最终影片或输出磁带前进行预演。

（2）剪裁可以增加或删除帧以改变素材文件的＿＿＿＿＿＿，即播放时间。素材开始帧的位置被称为＿＿＿＿＿＿，素材结束帧的位置被称为＿＿＿＿＿＿。

3. 判断题

（1）导入到Project（项目）窗口中的素材可能是通过不同途径获得的，在对其进行编辑时，不需要观察这些通过不同途径而获得的素材文件是否符合播放标准。（　　）

（2）用户在对素材设置入点和出点时所做的改变，仅影响剪辑后的素材文件，不会影响磁盘上源素材本身的设置。（　　）

4. 上机操作题

根据本章讲解的内容制作一个影视片段，如图5-121所示。

图5-121　影视片段效果

第6章
视频特效的应用

本章讲解的是如何在影片中添加视频特效。视频特效的掌握对于剪辑人员来说是非常必要的。影片的好与坏，视频特效技术起着决定性的作用。巧妙地为影片添加各式各样的视频特效，可以使影片具有很强的视觉感染力。下面就来看一下Premiere Pro CS6提供的经典特效。

学习要点

- 应用视频特效制作影片效果
- 使用关键帧控制效果
- 熟悉视频特效与特效操作

6.1 应用视频特效

为素材赋予一个视频特效很简单，只需从Effects（特效）窗口中拖出一个特效到Sequence（序列）窗口中的素材片段上。如果素材片段处于被选择状态，也可以拖出特效到该片段的Effect Controls（特效控制）窗口中。

6.2 使用关键帧控制效果

在绘制动画时，只需将很多张图片按照一定的顺序排列起来，然后按照一定的速度显示就形成了动画。在Premiere中，动画中需要的每张图片就相当于其中的一个帧，因此帧是构成动画的核心元素。

6.2.1 关于关键帧

要想使效果随时间而改变，可以使用关键帧技术。当创建了一个关键帧后，就可以指定一个效果属性在确切的时间点上的值。当为多个关键帧赋予不同的值时，Premiere会自动计算关键帧之间的值，这个处理过程被称为插补。对于大多数标准效果，都可以在素材的整个时间长度中设置关键帧。对于固定效果，如位置和缩放，也可以设置关键帧，使素材产生动画，可以移动、复制或删除关键帧和改变插补的模式。

6.2.2 激活关键帧

为了设置动画效果的属性，必须激活属性的关键帧，任何支持关键帧的效果属性都包括Toggle animation（切换动画）按钮，单击该按钮可插入一个动画关键帧。插入动画关键帧（即激活关键帧）后，就可以将其添加和调整至素材所需要的属性，如图6-1所示。

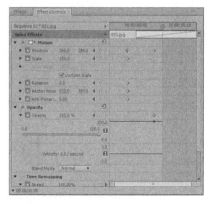

图6-1　设置关键帧

6.3 视频特效与特效操作

Adobe Premiere Pro CS6中提供了多种视频特效，本节将对视频特效进行介绍。

6.3.1 Adjust（调节）视频特效组

在Adjust（调节）文件夹下，共包括有9项调节效果的视频特效。

1. Auto Color（自动颜色）

Auto Color（自动颜色）用来自动调节黑色和白色像素的对比度，参数设置如图6-2所示。

图6-2　Auto Color（自动颜色）特效

2. Auto Contrast（自动对比度）

Auto Contrast（自动对比度）调整总的色彩的混合，其效果如图6-3所示。

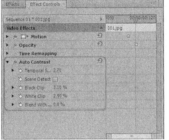

图6-3　Auto Contrast（自动对比度）特效

3. Auto Levels（自动色阶）

Auto Levels（自动色阶）自动调节高光、阴影，因为Auto Levels（自动色阶）调节每一处颜色，它可能移动或传入颜色，其效果如图6-4所示。

图6-4　Auto Levels（自动色阶）特效

4. Convolution Kernel（卷积核心）

Convolution Kernel（卷积核心）特效根据数学卷积分的运算来改变素材中每个像素的值。在Effects（特效）窗口中，将Video Effects（视频特效）｜Adjust（调节）下面的Convolution Kernel（卷积核心）拖到Sequence（序列）窗口中的图片上，效果如图6-5所示。

图6-5　Convolution Kernel（卷积核心）特效

5. Extract（提取）

Extract（提取）特效可从视频片段中析取颜色，然后通过设置灰色的范围控制影像的显示。单击窗口中Extract（提取）右侧的按钮[图]，弹出Extract Settings（提取设置）对话框，其对比效果如图6-6所示。

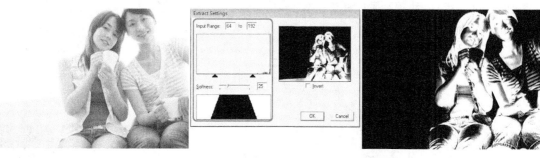

图6-6　Extract（提取）特效

6. Levels（色阶）

Levels（色阶）特效可以控制影视素材片段的亮度和对比度。单击窗口中Levels（色阶）右侧的按钮[图]，弹出Levels Settings（色阶设置）对话框，如图6-7所示。

如图6-8所示为应用该特效后，图像效果前后的对比效果。

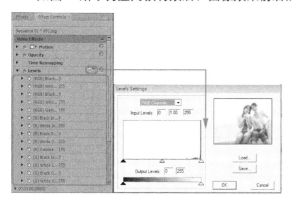

图6-7　Levels Settings（色阶设置）对话框

图6-8　levels（色阶）特效

7. Lighting Effects（照明效果）

Lighting Effects（照明效果）特效可以在一个素材上同时添加五个灯光特效，并可以调节它们的属性，包括Light Type（灯光类型）、Light Color（照明颜色）、Center（中心）、Major Radius（主半径）、Minor Radius（次要半径）、Angle（角度）、Intensity（强度）、Focus（聚焦）等；还可以控制表面光泽和表面材质，也可引用其他视频片段的光泽和材质，例如3D-like的表面效果。

Lighting Effects（照明效果）特效的对比效果如图6-9所示。

图6-9　Lighting Effects（照明效果）特效

8. ProcAmp（调色）

ProcAmp（调色）特效可以分别调整影片的Brightness（亮度）、Contrast（对比度）、Hue（色相）、Saturation（饱和度）和Split Percent（分离百分比），其参数窗口及对比效果如图6-10所示。

图6-10　ProcAmp（调色）特效

- Brightness（亮度）：控制图像的亮度。
- Contrast（对比度）：控制图像的对比度。
- Hue（色相）：控制图像的色相。
- Saturation（饱和度）：控制图像的颜色饱和度。
- Split Percent（分离百分比）：该参数被激活后，可以控制调整特效的范围。

9. Shadow/Highlight（阴影/高光）

Shadow/Highlight（阴影/高光）特效可以使一个图像变亮并附有阴影，还原图像的高光值。这个特效不会使整个图像变暗或变亮，它基于周围的环境像素独立地调整阴影和高光的数值，也可以调整一幅图像的总对比度，设置的默认值可解决图像的高光问题，效果如图6-11所示。

图6-11 Shadow/Highlight（阴影/高光）特效

6.3.2 Blur&Sharpen（模糊&锐化）视频特效组

在Blur&Sharpen（模糊&锐化）文件夹下，共包括有10项模糊、锐化效果的视频特效。

1. Antialias（抗锯齿）

Antialias（抗锯齿）特效对素材做出轻微的、有些生硬的模糊效果，其效果如图6-12所示。

图6-12 Antialias（抗锯齿）特效

2. Camera Blur（镜头模糊）

Camera Blur（镜头模糊）特效用于模仿在相机焦距之外的图像模糊效果，其效果如图6-13所示。

图6-13 Camera Blur（镜头模糊）特效

3. Channel Blur（通道模糊）

Channel Blur（通道模糊）特效可以对素材的Red Blurriness（红色通道模糊）、Green

Blurriness（绿色通道模糊）、Blue Blurriness（蓝色通道模糊）和Alpha Blurriness（Alpha通道模糊）分别进行调整，可以指定模糊的方向是水平、垂直或双向。使用这个效果，可以创建辉光效果或控制一个图层的边缘附近变得不透明，其效果如图6-14所示。

图6-14　Channel Blur（通道模糊）特效

4. Compound Blur（混合模糊）

Compound Blur（混合模糊）特效对图像进行复合模糊，为素材增加全面的模糊，效果如图6-15所示。

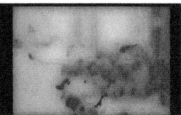

图6-15　Compound Blur（混合模糊）特效

5. Directional Blur（方向模糊）

Directional Blur（方向模糊）特效是为图像选择一个有方向性的模糊，为素材添加运动感觉。

实例：Directional Blur（**方向模糊**）视频特效应用

源　文　件:	源文件\场景\第6章\Directional Blur视频特效.prproj
视频文件:	视频\第6章\Directional Blur视频特效.avi

应用Directional Blur（方向模糊）特效的方法如下。

01 打开随书附带光盘中的"源文件\素材\第6章\0003.jpg"，如图6-16所示。

02 打开素材文件后，将其拖入Sequence（序列）窗口中，如图6-17所示。

03 切换到Effects（特效）窗口中，将Video Effects（视频特效）| Blur&Sharpen（模糊&锐化）下面的Directional Blur（方向模糊）拖到Sequence（序列）窗口中图片上。

04 切换到Effect Controls（特效控制）窗口中，单击窗口中的Toggle animation（切换动画）按钮 添加关键帧，然后在Directional Blur（方向模糊）的下方对Direction（方向）和Blur Length（模糊长度）进行设置，如图6-18所示。

图6-16 打开素材文件

图6-17 将素材拖入Sequence（序列）窗口

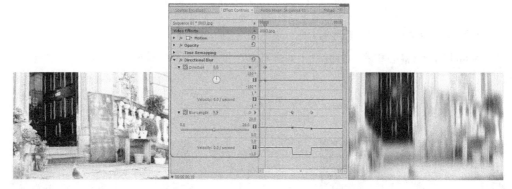

图6-18 Directional Blur（方向模糊）特效

05 在菜单栏中选择Sequence（序列）| Render Effects in Work Area（渲染工作区域内的特效）命令（或直接按 Enter 键），如图6-19所示。

06 选择命令后，会弹出一个对话框对帧进行渲染，如图6-20所示。

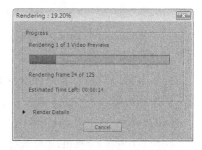

图6-19 选择Render Effects in Work Area（渲染工作区域内的特效）命令

图6-20 对帧进行渲染

07 设置完成后，将场景保存即可。

6. Fast Blur（快速模糊）

Fast Blur（快速模糊）特效可以指定模糊图像的强度，也可以指定模糊的方向是Vertical（纵向）、Horizontal（横向）或Horizontal and Vertical（双向）。它比后面要讲到的Gaussian Blur（高斯模糊）效果要快，该效果如图6-21所示。

图6-21　Fast Blur（快速模糊）特效

7. Gaussian Blur（高斯模糊）

Gaussian Blur（高斯模糊）特效能够模糊和柔化图像并消除噪波，可以指定模糊的方向为Vertical（纵向）、Horizontal（横向）或Horizontal and Vertical（双向），其效果如图6-22所示。

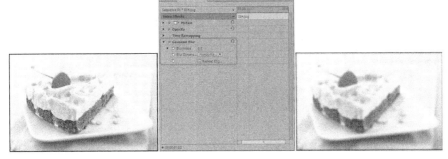

图6-22　Gaussian Blur（高斯模糊）特效

8. Ghosting（重影）

Video Effects（视频特效）| Blur&Sharpen（模糊&锐化）| Ghosting（重影）特效用于将刚经过的帧叠加到当前帧的路径上，以产生多重留影的效果，它对表现运动对象的路径特别有用，读者可以自己找一段视频进行操作，其效果如图6-23所示。

图6-23　Ghosting（重影）特效

9. Sharpen（锐化）

Sharpen（锐化）将未受影响的素材中像素中心的颜色赋予每一个分片，其余的分片被赋予未受影响的素材中相应范围内的平均颜色，效果如图6-24所示。

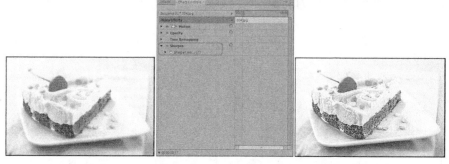

图6-24　Sharpen（锐化）特效

10. Unsharp Mask（非锐化遮罩）

Unsharp Mask（非锐化遮罩）特效能够将图像中模糊的地方变亮，效果如图6-25所示。

图6-25　Unsharp Mask（非锐化遮罩）特效

6.3.3　Channel（通道）视频特效组

在Channel（通道）文件夹下，共包括有7项通道效果的视频特效。

1. Arithmetic（算法）

Arithmetic（算法）特效对一个图像的Red Value（红）、Green Value（绿）、Blue Value（蓝）通道进行不同的简单数学操作，其效果如图6-26所示。

图6-26　Arithmetic（算法）特效

2. Blend（混合）

Blend（混合）特效能够采用五种模式中的任意一种来混合两个素材，其效果如图6-27、图6-28所示。

图6-27 素材图像

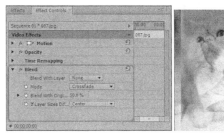

图6-28 混合特效

3. Calculations（运算）

Calculations（运算）特效将一个素材的通道与另一个素材的通道结合在一起，其效果如图6-29、图6-30所示。

图6-29 素材图像

图6-30 运算特效

4. Compound Arithmetic（复合算法）

应用Compound Arithmetic（复合算法）特效，通过设置轨道的混合模式来使两个轨道上的图像叠加在一起，其效果如图6-31所示。

图6-31 Compound Arithmetic（复合算法）特效

5. Invert（反相）

Invert（反相）特效用于将图像的颜色信息反相，其效果如图6-32所示。

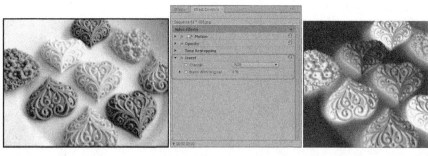

图6-32　Invert（反相）特效

6. Set Matte（设置蒙版）

Set Matte（设置蒙版）特效可以将一个轨道上的素材作为蒙版层，使轨道上的两个图层混合，其效果如图6-33所示。

图6-33　Set Matte（设置蒙版）特效

7. Solid Composite（固态合成）

Solid Composite（固态合成）特效将图像进行单色混合，可以改变混合颜色，效果如图6-34所示。

图6-34　Solid Composite（固态合成）特效

▶ 6.3.4　Color Correction（色彩校正）视频特效组

在Color Correction（色彩校正）文件夹下，共包括有17项色彩校正效果的视频特效。

1. Brightness&Contrast（亮度＆对比度）

Brightness&Contrast（亮度＆对比度）特效可以调节画面的亮度和对比度。该效果同时调整所有像素的亮部区域、暗部区域和中间色区域，但不能对单一通道进行调节，参数如图6-35所示。

- Brightness（亮度）：设置亮度。正值表示增加亮度，负值表示降低亮度。
- Contrast（对比度）：设置对比度。正值表示增加对比度，负值表示降低对比度。

在参数栏中分别拖动两个滑块可以调节素材的亮度和对比度，如图6-36所示为调节前后的对比。

图6-35　Brightness&Contrast（亮度＆对比度）调整

图6-36　调整效果对比

2. Broadcast Colors（广播级色彩）

Broadcast Colors（广播级色彩）特效用来改变、设置像素的色值范围，保持信号的幅度，广播制式有NTSC和PAL两种。使用非安全切断或安全切断确定哪一部分图像受到影响，其效果如图6-37所示。

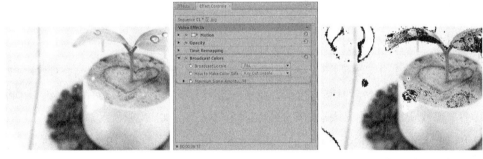

图6-37　Broadcast Colors（广播级色彩）特效

3. Change Color（改变颜色）

Change Color（改变颜色）特效通过在素材色彩范围内调整色相、亮度和饱和度，来改变色彩范围内的颜色，其效果如图6-38所示。

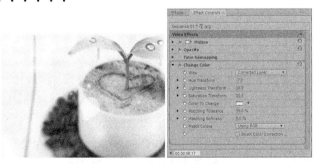

图6-38　Change Color（改变颜色）特效

4. Change to Color（转换颜色）

Change to Color（转换颜色）特效可以指定某种颜色，然后使用一种新的颜色替换指定的颜色。

➡️ **实例：Change to Color（转换颜色）视频特效应用**

源 文 件：	源文件\场景\第6章\Change to Color视频特效.prproj
视频文件：	视频\第6章\Change to Color视频特效.avi

Change to Color（转换颜色）特效的使用方法如下。

01 打开随书附带光盘中的"源文件\素材\第6章\0003.jpg"，如图6-39所示。

02 打开素材文件后，将其拖入Sequence（序列）窗口中，如图6-40所示。

03 切换到Effects（特效）窗口中，将Video Effects（视频特效）| Color Correction（色彩校正）下面的Change to Color（转换颜色）拖到Sequence（序列）窗口中的图像上。

图6-39　打开素材文件

图6-40　将素材拖入Sequence（序列）窗口中

04 在Effect Controls（特效控制）窗口中，单击From（从）右侧的吸管按钮🔧，然后在Program（节目）监视窗口中单击，吸取需要的颜色作为目标色，如图6-41所示。

05 单击To（到）右侧的吸管按钮🔧，然后在Program（节目）监视窗口中单击，吸取需要的颜色作为替换色，如图6-42所示。

图6-41　吸取目标色

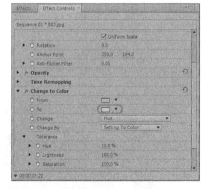

图6-42　吸取替换色

06 在窗口中拖动Hue（色相）滑块，可以增加或减少被替换颜色的范围。当滑块在最左边时，不进行颜色替换；当滑块在最右边时，整个画面都将被替换颜色，其效果如图6-43所示。

图6-43　Change to Color（转换颜色）特效

5. Channel Mixer（通道混合）

Channel Mixer（通道混合）特效可以用当前颜色通道的混合值修改一个颜色通道，通过为每个通道设置不同的颜色偏移量，来校正图像的色彩。

通过Effect Controls（特效控制）窗口中各通道的滑块调节，可以调整各个通道的色彩信息。对各项参数的调节，控制着选定通道到输出通道的强度，参数如图6-44所示。

- 颜色通道：由一个颜色通道输出到目标颜色通道，如Green-Green（绿-绿）。数值越大，输出颜色的强度越高，对目标颜色通道的影响越大，负值在输出到目标颜色通道前反转颜色通道。
- Monochrome（单色）：单色设置。对所有输出通道应用相同的数值，产生包含灰阶的彩色图像。对于打算将其转换为灰度的图像，选择Monochrome（单色）选项非常有用。如果先选择这个选项，然后又取消选择，就可以单独修改每个通道的混合，为图像创建一种手绘色调的影像效果。

Channel Mixer（通道混合）特效对图像中的各个通道进行混合调节，虽然调节参数较为复杂，但是该特效的可控性更高。当需要改变影片色调时，该特效是首选，如图6-45所示为调节前后的效果对比。

图6-44　Channel Mixer（通道混合）调整　　　　图6-45　Channel Mixer（通道混合）特效对比

6. Color Balance（色彩平衡）

Color Balance（色彩平衡）特效设置图像在阴影、中间调和高光下的红绿蓝三色的参数，其效果如图6-46所示。

图6-46　Color Balance（色彩平衡）特效

7. Color Balance（HLS）（色彩平衡，HLS）

Color Balance（HLS）（色彩平衡，HLS）特效通过调整Hue（色相）、Lightness（明亮度）和Saturation（饱和度）对颜色的平衡度进行调节，参数如图6-47所示。

- Hue（色相）：控制图像的色调。
- Lightness（亮度）：控制图像的亮度。
- Saturation（饱和度）：控制图像的饱和度。

图6-47　Color Balance（HLS）（色彩平衡，HLS）特效

8. Equalize（色彩均化）

Equalize（色彩均化）特效可改变图像像素的值。与Adobe Photoshop中的色调均化命令类似，透明度为0（完全透明）不被考虑，效果如图6-48所示。

图6-48　Equalize（色彩均化）特效

9. Fast Color Corrector（快速色彩校正）

Fast Color Corrector（快速色彩校正）特效可以通过色调饱和度控制器调整素材颜色，也可调整阴影、中间调和高光的电平。Fast Color Corrector（快速色彩校正）特效调节得到的效果可以很快在Program（节目）监视窗口中看到，如图6-49所示。

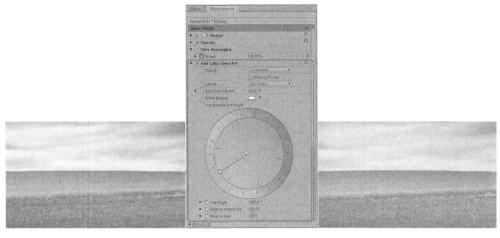

图6-49　Fast Color Corrector（快速色彩校正）特效

10. Leave Color（颜色分离）

Leave Color（颜色分离）特效用于将素材中除被选中的颜色及其相类似颜色以外的其他颜色分离，其效果如图6-50所示。

图6-50　Leave Color（颜色分离）特效

11. Luma Corrector（亮度校正）

Luma Corrector（亮度校正）特效可调整素材的色调范围在Highlights（高光）、Midtones（中间调）和Shadows（阴影）状态时的亮度，也可指定色彩范围，其效果如图6-51所示。

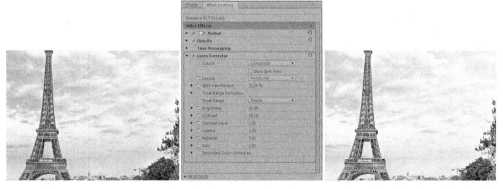

图6-51　Luma Corrector（亮度校正）特效

12. Luma Curve（亮度曲线）

Luma Curve（亮度曲线）特效用来调节素材的亮度，使用曲线调节器来调节指定色彩范围。其效果如图6-52所示。

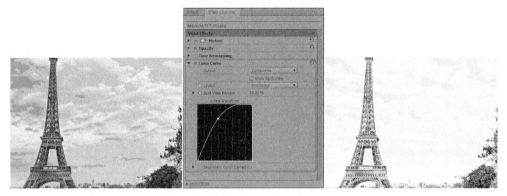

图6-52　Luma Curve（亮度曲线）特效

13. RGB Color Corrector（RGB色彩校正）

RGB Color Corrector（RGB色彩校正）特效可调整素材中的颜色。在Tonal Range Definition（色调范围定义）中进行调节，Tonal Range（色调范围）中包含Highlights（高光）、Midtones（中间调）和Shadows（阴影）等；同样也可以指定颜色，通过Secondary Color Correction（附属色彩校正）来调整混合色的范围，其效果如图6-53所示。

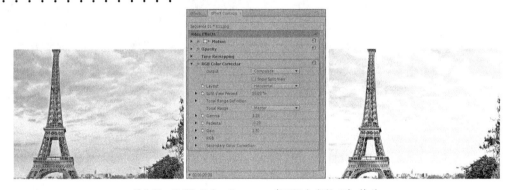

图6-53　RGB Color Corrector（RGB色彩校正）特效

14. RGB Curves（RGB曲线）

RGB Curves（RGB曲线）特效可以通过在颜色曲线修改器中对颜色曲线的调节来调整素材的颜色。在每一条颜色曲线上可以添加16个调节点，用来对图像颜色进行调节；也可以指定颜色，通过Secondary Color Correction（附属色彩校正）来调整混合色的范围，其效果如图6-54所示。

15. Three-Way Color Corrector（三路色彩校正）

Three-Way Color Corrector（三路色彩校正）特效能够进行细微的调整，用来调节素材颜色的色相、饱和度和亮度。Tonal Range Definition（色调范围定义）中也包含高光、中间调和阴影，可以进一步通过精确调节参数来指定颜色范围，可以在合成色修改器中进行校正，它的调节、设置与Fast Color Corrector（快速色彩校正）特效类似，其效果如图6-55所示。

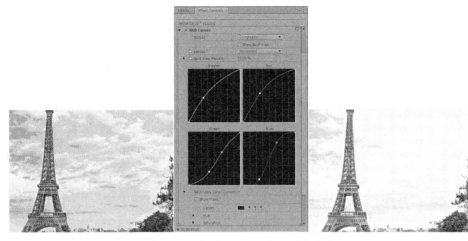

图6-54 RGB Curves（RGB曲线）特效

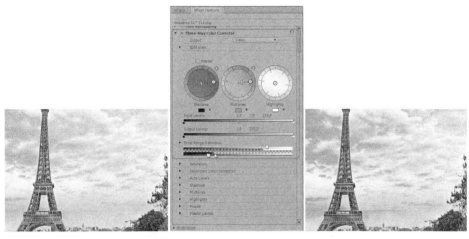

图6-55 Three-Way Color Corrector（三路色彩校正）特效

16. Tint（着色）

Tint（着色）特效可以修改图像的颜色信息，使图像统一变成另一种色调，其效果如图6-56所示。

图6-56 Tint（着色）特效

- Map Black To（映射黑色到）：用于将图像中的黑色像素映射为该项所指定的颜色。
- Map White To（映射白色到）：用于将图像中的白色像素映射为该项所指定的颜色。
- Amount to Tint（着色数值）：用于控制图像色彩的变化程度，调节滑块来决定图像色彩变化的程度。

17. Video Limiter（视频限幅器）

Video Limiter（视频限幅器）特效会影响限制素材的亮度和颜色，以满足视频播放的需求，其效果如图6-57所示。

图6-57　Video Limiter（视频限幅器）特效

6.3.5　Distort（扭曲）视频特效组

在Distort（扭曲）文件夹下，共包括有12项扭曲效果的视频特效。

1. Bend（弯曲）

Bend（弯曲）特效可以使素材产生波浪沿素材水平和垂直方向移动的变形效果，根据不同的尺寸和速率可以产生多个不同的波浪形状，效果如图6-58所示。

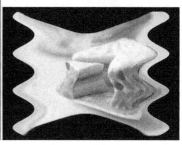

图6-58　Bend（弯曲）特效

2. Corner Pin（边角固定）

Corner Pin（边角固定）特效是通过分别改变一个图像的四个顶点，使图像产生变形，如伸展、收缩、歪斜和扭曲等，模拟透视效果或者支点在图像一边的运动，效果如图6-59所示。

图6-59　Corner Pin（边角固定）特效

🔍 提 示

除了上面讲述的通过输入数值来修改图形的方法，还有一种比较直观、方便的操作方法。单击Effect Controls（特效控制）窗口中的按钮 🔲，这时Program（节目）监视窗口中的图像出现四个控制柄，调整控制柄的位置即可改变图像的形状，效果如图6-60所示。

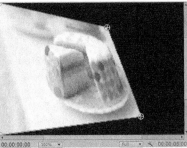

图6-60　使用控制柄调节

3. Lens Distortion（镜头失真）

Lens Distortion（镜头失真）特效是模拟一种从变形透镜观看素材的效果，效果如图6-61所示。

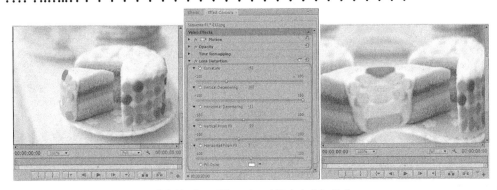

图6-61　Lens Distortion（镜头失真）特效

4. Magnify（放大）

Magnify（放大）特效可以使图像局部呈圆形或方形的放大，并对放大的部分进行Feather（羽化）、Opacity（透明）等的设置，其效果如图6-62所示。

图6-62　Magnify（放大）特效

5. Mirror（镜像）

Mirror（镜像）特效用于将图像沿一条线裂开并将其中一边反射到另一边，反射角度决定哪一边被反射到什么位置，可以随时间改变镜像轴线和角度，效果如图6-63所示。

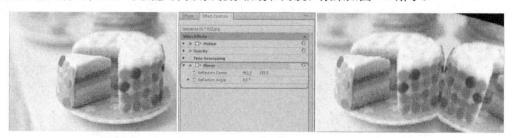

图6-63　Mirror（镜像）特效

6. Offset（偏移）

Offset（偏移）特效是将原来的图像进行偏移复制，并通过混合进行图像的显示，效果如图6-64所示。

图6-64　Offset（偏移）特效

7. Rolling Shutter Repair（滚动快门修复）

Rolling Shutter Repair（滚动快门修复）有助于消除滚动快门(Rolling Shutter)伪影，其效果如图6-65所示。

图6-65　Rolling Shutter Repair（滚动快门修复）特效

8. Spherize（球面化）

Spherize（球面化）特效将素材包裹在球形上，可以赋予对象和文字三维效果，效果如图6-66所示。

9. Transform（变换）

Transform（变换）特效是对素材应用二维几何转换效果。使用Transform（变换）特效，可以沿任何轴向使素材歪斜，效果如图6-67所示。

图6-66　Spherize（球面化）特效

图6-67　Transform（变换）特效

10. Turbulent Displace（紊乱置换）

Turbulent Displace（紊乱置换）特效可以使图像变形，效果如图6-68所示。

图6-68　Turbulent Displace（紊乱置换）特效

11. Twirl（扭曲）

Twirl（扭曲）特效可以使素材围绕其中心旋转以形成一个漩涡，效果如图6-69所示。

图6-69　Twirl（扭曲）特效

12. Wave Warp（波形弯曲）

Wave Warp（波形弯曲）特效可以使素材变形为波浪的形状，素材文件与效果如图6-70、图6-71所示。

图6-70　素材文件　　　　　　　　　图6-71　Wave Warp（波形弯曲）特效

▶ 6.3.6　Generate（生成）视频特效组

在Generate（生成）文件夹下，共包括12项生成效果的视频特效。

1. 4-Color Gradient（四色渐变）

4-Color Gradient（四色渐变）特效可以使图像产生四种混合渐变颜色，效果如图6-72所示。

图6-72　4-Color Gradient（四色渐变）特效

2. Cell Pattern（蜂巢图案）

Cell Pattern（蜂巢图案）特效在基于噪波的基础上可产生蜂巢的图案。使用Cell Pattern（蜂巢图案）特效可产生静态或移动的背景纹理和图案，用于源素材的替换图像，效果如图6-73所示。

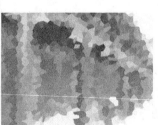

图6-73　Cell Pattern（蜂巢图案）特效

3. Checkerboard（棋盘）

Checkerboard（棋盘）特效可创造国际跳棋棋盘式的长方形图案，它有一半的方格是透明的，通过它自身提供的参数可以对该特效进行进一步的设置，效果如图6-74所示。

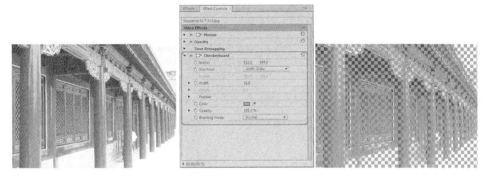

图6-74　Checkerboard（棋盘）特效

4. Circle（圆形）

Circle（圆形）特效可任意创造一个实心圆或圆环，通过设置其混合模式来形成区域混合的效果，效果如图6-75所示。

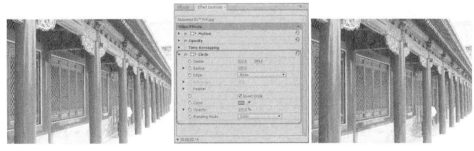

图6-75　Circle（圆形）特效

5. Ellipse（椭圆形）

Ellipse（椭圆形）特效可以创建一个实心的椭圆或椭圆环，效果如图6-76所示。

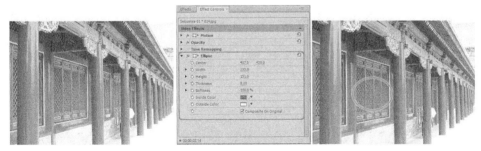

图6-76　Ellipse（椭圆形）特效

6. Eyedropper Fill（吸色管填充）

Eyedropper Fill（吸色管填充）特效通过调节采样点的位置，将采样点所在位置的颜色覆盖于整个图像上。这个特效有利于在最初的素材的一个点上很快地采集一种纯色或从一个素材上采

集一种颜色并利用混合方式应用到第二个素材上，效果如图6-77所示。

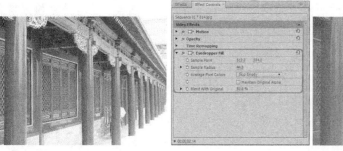

图6-77　Eyedropper Fill（吸色管填充）特效

7. Grid（栅格）

Grid（栅格）特效可创造一组可任意改变的栅格，并可以为栅格的边缘调节大小和进行羽化，或作为一个可调节透明度的蒙版应用于源素材上。此特效有利于设计图案，同时还有其他的实用效果，效果如图6-78所示。

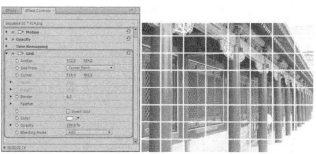

图6-78　Grid（栅格）特效

8. Lens Flare（镜头光晕）

Lens Flare（镜头光晕）特效能够产生镜头光斑效果，它是通过模拟亮光透过摄像机镜头时的折射而产生的，效果如图6-79所示。

图6-79　Lens Flare（镜头光晕）效果

9. Lightning（闪电）

Lightning（闪电）特效用于产生闪电和其他类似放电的效果，不用关键帧就可以自动产生动画，效果如图6-80所示。

图6-80　Lightning（闪电）特效

10. Paint Bucket（油漆桶）

Paint Bucket（油漆桶）特效是将一种纯色填充到一个区域，很像在Adobe Photoshop里使用油漆桶工具。在一个图像上使用Paint Bucket（油漆桶）特效，可将一个区域的颜色替换为其他颜色，效果如图6-81所示。

图6-81　Paint Bucket（油漆桶）特效

11. Ramp（渐变）

Ramp（渐变）特效能够产生一个颜色渐变并能够与源图像内容混合，可以创建线性或放射状渐变，并可以随着时间改变渐变的位置和颜色，效果如图6-82所示。

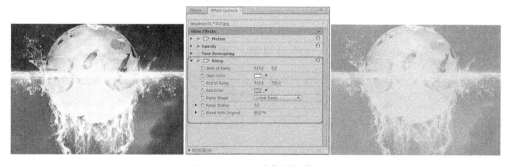

图6-82　Ramp（渐变）特效

12. Write-on（书写）

Write-on（书写）特效可以在图像中产生书写的效果，通过为特效设置关键点并不断调整笔触的位置，可以产生水彩笔书写的效果，效果如图6-83所示。

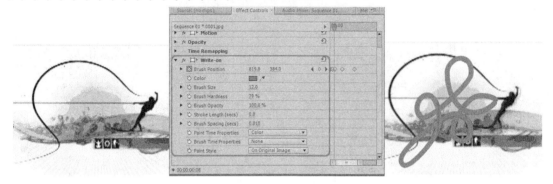

图6-83　Write-on（书写）特效

6.3.7　Image Control（图像控制）视频特效组

在Image Control（图像控制）文件夹下，共包括有5项图像色彩效果的视频特效。

1. Black&White（黑&白）

Black&White（黑&白）特效可将任何彩色素材图像变成灰度图像，也就是说，颜色由灰度的明暗来表示，效果如图6-84所示。

图6-84　Black&White（黑&白）特效

2. Color Balance（RGB）（色彩平衡，RGB）

Color Balance（RGB）（色彩平衡，RGB）特效按RGB颜色模式调节素材的颜色，以达到校色的目的。

实例：Color Balance（RGB）（**色彩平衡，RGB**）**视频特效应用**

源　文　件：	源文件\场景\第6章\Color Balance（RGB）视频特效.prproj
视频文件：	视频\第6章\Color Balance（RGB）视频特效.avi

Color Balance（RGB）（色彩平衡，RGB）特效的使用方法如下。

01 打开随书附带光盘中的"源文件\素材\第6章\0003.jpg"，如图6-85所示。

02 打开素材文件后，将其拖入Sequence（序列）窗口中，如图6-86所示。

图6-85　打开素材文件　　　　　　　　　图6-86　将素材拖入Sequence（序列）窗口中

[03] 切换到Effects（特效）窗口，将Video Effects（视频特效）| Image Control（图像控制）下面的
Color Balance（RGB）（色彩平衡，RGB）特效拖到Sequence（序列）窗口中的图像上。

[04] 在Effect Controls（特效控制）窗口中，将Red（红色）设置为126，将Green（绿色）设置为
120，将Blue（蓝色）设置为88，如图6-87所示。

[05] 对比效果如图6-88所示。

图6-87　设置特效参数

图6-88　对比效果

3. Color Pass（色彩传递）

Color Pass（色彩传递）特效将素材转变成灰度，除了只保留一个指定的颜色外，使用这个
效果还可以突出素材的某个特殊区域，效果如图6-89所示。

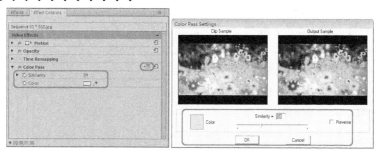

图6-89　Color Pass（色彩传递）特效

4. Color Replace（色彩替换）

Color Replace（色彩替换）特效将选择的颜色替换成一个新的颜色，且保持不变的灰度级。使用这个效果，可以通过选择图像中一个对象的颜色，然后使用调整控制器产生一个不同的颜色，以达到改变对象颜色的目的，效果如图6-90所示。

图6-90　Color Replace（色彩替换）特效

5. Gamma Correction（Gamma 校正）

Gamma Correction（Gamma 校正）特效可以使素材渐渐变亮或变暗，效果如图6-91所示。

图6-91　Gamma Correction（Gamma 校正）特效

▶ 6.3.8　Keying（键控）视频特效组

在Keying（键控）文件夹下，共包括有15项键控效果的视频特效。

1. Alpha Adjust（Alpha 调节）

Alpha Adjust（Alpha调节）特效位于Video Effects（视频特效）中的Keying（键控）文件夹下。应用该特效后，其参数如图6-92所示。

Alpha Adjust（Alpha调节）特效通过控制素材的Alpha通道来实现抠像效果。可以选择Ignore Alpha（忽视Alpha）复选框，忽略素材的Alpha通道，而不让其产生透明；也可以选择Invert Alpha（反相Alpha）选项，反相键出效果。

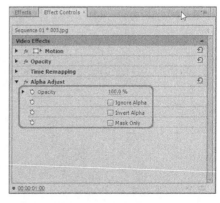

图6-92　Alpha Adjust（Alpha 调节）特效

2. Blue Screen Key（蓝屏键）

Blue Screen Key（蓝屏键）特效用在以纯蓝色为背景的画面上。创建透明时，屏幕上的纯蓝色变得透明。所谓纯蓝，是不含任何的红色与绿色，极接近PANTONE2735的颜色，效果如图6-93所示。

图6-93　Blue Screen Key（蓝屏键）特效

3. Chroma Key（色度键）

Chroma Key（色度键）特效允许用户在素材中选择一种颜色或一个颜色范围并使之透明，这是最常用的键出方式。

选择应用Chroma Key（色度键）特效后，可以在Effect Controls（特效控制）窗口中打开该特效的参数窗口。单击吸管按钮，按住鼠标并在Program（节目）监视窗口中需要抠去的颜色上单击选取颜色，吸取颜色后，调节各项参数，观察抠像效果，如图6-94所示。

图6-94　Chroma Key（色度键）特效

- Similarity（相似性）：控制与键出颜色的容差度。容差度越高，与指定颜色相近的颜色越透明；容差度越低，则透明的部分越少。
- Blend（混合）：调节透明与非透明边界的色彩混合度。
- Threshold（阈值）：调节图像阴暗部分的量。
- Cutoff（截断）：根据纯度调节暗部细节。
- Smoothing（平滑）：可以为素材变换的部分建立柔和的边缘。在调整抠像效果的时候，一般情况下，都要在遮罩和最终效果间不断切换，同时观察效果。
- Mask Only（只有遮罩）：可以在素材的透明部分产生一个黑白或灰度的Alpha蒙版，这对半透明的抠像尤其重要。如果需要向Premiere传送一个素材并用Premiere的绘图工具润色，或需要从图像通道中分离出键通道，也可以选择该项。

4. Color Key（颜色键）

Color Key（颜色键）特效可以去掉图像中所指定颜色的像素，这种特效只会影响素材的Alpha通道，效果如图6-95所示。

图6-95　Color Key（颜色键）特效

5. Difference Matte（差异蒙版键）

Difference Matte（差异蒙版键）通过比较两个素材之间的透明度来区分素材表面粗糙的效果，效果如图6-96所示。

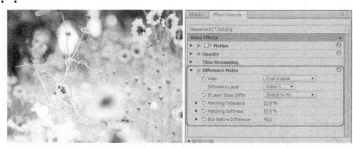 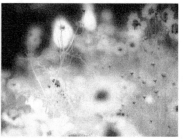

图6-96　Difference Matte（差异蒙版键）特效

6. Eight-Point Garbage Matte（八点蒙版扫除）

Eight-Point Garbage Matte（八点蒙版扫除）特效是在画面四周添加八个控制点，并且可以任意调整控制点的位置。应用该特效后，可以在Effect Controls（特效控制）窗口中查看其参数，效果如图6-97所示。

  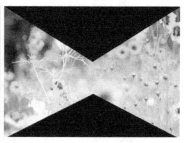

图6-97　Eight-Point Garbage Matte（八点蒙版扫除）特效

在Effect Controls（特效控制）窗口中的参数分别与Program（节目）监视窗口中的控制点对应。可以修改参数窗口中的坐标数值来改变控制点的位置，也可以直接用鼠标拖动控制点移动，即可裁剪画面。

7. Four-Point Garbage Matte（四点蒙版扫除）

Four-Point Garbage Matte（四点蒙版扫除）特效与上一种特效的使用方法相同，只是在画面四周仅有四个控制点，通过随意移动控制点的位置来遮罩画面，效果如图6-98所示。

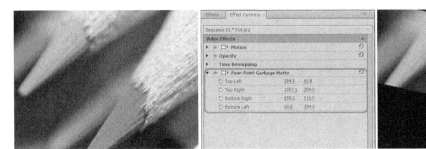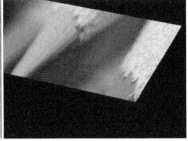

图6-98　Four-Point Garbage Matte（四点蒙版扫除）特效

8. Image Matte Key（图像蒙版键）

Image Matte Key（图像蒙版键）特效是在图像素材的亮度值基础上去除素材图像，透明的区域可以将下方的素材显示出来，同样也可以使用Image Matte Key（图像蒙版键）特效进行反转，素材图像如图6-99所示，效果如图6-100所示。

图6-99　素材图像　　　　　　　　图6-100　Image Matte Key（图像蒙版键）特效

9. Luma Key（亮度键）

Luma Key（亮度键）特效可以在变换图像的灰度值的同时保持其色彩值。Luma Key（亮度键）特效常用来在纹理背景上附加影片，以使附加的影片覆盖纹理背景，效果如图6-101所示。

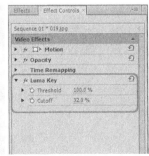

图6-101　Luma Key（亮度键）特效

10. Non Red Key（无红色键）

Non Red Key（无红色键）特效在蓝、绿色背景的画面中创建透明效果，类似于Blue Screen Key（蓝屏键）。但可以用Defringing（去边）参数混合两素材片段或创建一些半透明的对象，该特效与绿背景配合工作时效果尤其好，效果如图6-102所示。

图6-102　Non Red Key（无红色键）特效

11. RGB Difference Key（RGB差异键）

RGB Difference Key（RGB差异键）特效类似于Chroma Key（色度键）特效，同样是在素材中选择一种颜色或一个颜色范围，并使它们透明。二者不同之处在于，Chroma Key（色度键）特效可以单独地调节素材像素的颜色和灰度值，而RGB Difference Key（RGB差异键）特效则同时调节这些内容。激活Drop Shadow（加阴影）选项，可以设置投影，效果如图6-103所示。

图6-103　RGB Difference Key（RGB差异键）特效

12. Remove Matte（移除蒙版）

Remove Matte（移除蒙版）特效可以移动来自素材的颜色。如果从一个透明通道导入影片或者用After Effects创建透明通道，需要除去来自图像的光晕。光晕是由图像色彩与背景或表面粗糙的色彩之间存在较大差异而引起的。除去或者改变表面粗糙的颜色能除去光晕。

13. Sixteen-Point Garbage Matte（十六点蒙版扫除）

Sixteen-Point Garbage Matte（十六点蒙版扫除）特效的用法与Eight-Point Garbage Matte（八点蒙版扫除）相同。只是在画面四周有16个控制点，通过改变这16个控制点的位置来遮罩图像，其参数如图6-104所示。

图6-104　Sixteen-Point Garbage Matte（十六点蒙版扫除）特效

14. Track Matte Key（轨道蒙版键）

　　Track Matte Key（轨道蒙版键）特效是把序列中一个轨道上的影片作为透明用的蒙版。可以使用任何素材片段或静止图像作为轨道蒙版，通过像素的亮度值定义轨道蒙版层的透明度。在蒙版中的白色区域不透明，黑色区域可以创建透明的区域，灰色区域可以生成半透明区域。为了创建叠加片段的原始颜色，可以用灰度图像作为蒙版，效果如图6-105所示。

图6-105　Track Matte Key（轨道蒙版键）特效

15. Ultra Key（极致键）

　　Ultra Key（极致键）可以为素材进行边缘预留设置，制作出类似描边的效果，通过设置颜色宽容度可以定义被抠除的颜色范围，而通过薄化边缘或羽化边缘可以对被抠的素材边缘进行模糊化处理，其效果如图6-106所示。

图6-106　Ultra Key（极致键）效果

6.3.9　Noise&Grain（噪波&颗粒）视频特效组

　　在Noise&Grain（噪波&颗粒）文件夹下，共包括有6项噪波、颗粒效果的视频特效。

1. Dust&Scratches（灰尘&划痕）

　　Dust&Scratches（灰尘&划痕）特效通过改变不同的像素减少噪波。调试不同的范围组合和阈设置，达到锐化图像和隐藏污点之间的平衡，效果如图6-107所示。

图6-107　Dust&Scratches（灰尘&划痕）特效

2. Median（中值）

Median（中值）特效是使用指定半径内相邻像素的中间像素值替换像素。使用低的值，这个效果可以降低噪波；如果使用高的值，可以将素材处理成一种美术效果，效果如图6-108所示。

图6-108　Median（中值）特效

3. Noise（噪波）

Noise（噪波）特效将未受影响的素材中像素中心的颜色赋予每一个分片，其余的分片将被赋予未受影响的素材中相应范围的平均颜色，效果如图6-109所示。

图6-109　Noise（噪波）特效

4. Noise Alpha（噪波Alpha）

Noise Alpha（噪波Alpha）特效可以将统一的或者方形噪波添加到图像的Alpha通道中，效果如图6-110所示。

图6-110　Noise Alpha（噪波Alpha）特效

5. Noise HLS（噪波HLS）

Noise HLS（噪波HLS）特效可以为指定的色度、亮度、饱和度添加噪波，调整噪波的尺寸和相位，效果如图6-111所示。

图6-111 Noise HLS（噪波HLS）特效

6. Noise HLS Auto（自动噪波HLS）

Noise HLS Auto（自动噪波HLS）特效与Noise HLS（噪波HLS）特效相似，效果如图6-112所示。

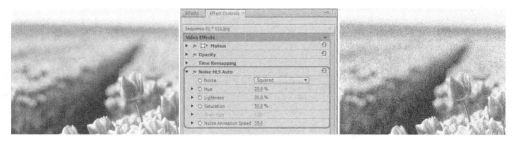

图6-112 Noise HLS Auto（自动噪波HLS）特效

6.3.10 Perspective（透视）视频特效组

在Perspective（透视）文件夹下，共包括有5项透视效果的视频特效。

1. Basic 3D（基本3D）

Basic 3D（基本3D）特效在一个虚拟的三维空间中操纵素材，可以围绕水平或垂直轴旋转图像，也可以将其移动或远离屏幕。使用简单3D效果，可以使一个旋转的表面产生镜面反射高光，而光源位置总是在观看者的左后上方，因为光来自上方，图像就必须向后倾斜才能看见反射，效果如图6-113所示。

图6-113 Basic 3D（基本3D）特效

2. Bevel Alpha（斜角Alpha）

Bevel Alpha（斜角Alpha）特效能够使图像产生三维效果。如果素材没有Alpha通道或者Alpha通道是完全不透明的，那么效果就会被应用到素材的边缘上，效果如图6-114所示。

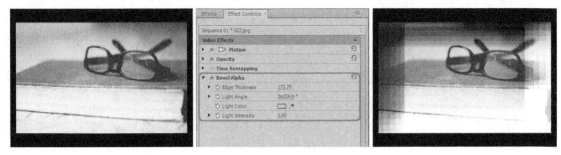

图6-114　Bevel Alpha（斜角Alpha）特效

3. Bevel Edges（斜角边）

Bevel Edges（斜角边）特效能使图像边缘产生一个凿刻的高亮的三维效果，边缘的位置由源图像的Alpha通道来确定。该特效中产生的边缘总是成直角的，效果如图6-115所示。

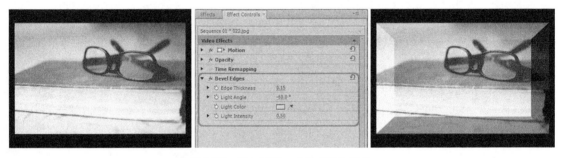

图6-115　Bevel Edges（斜角边）特效

4. Drop Shadow（加阴影）

Drop Shadow（加阴影）特效用于给素材添加一个阴影效果，效果如图6-116所示。

图6-116　Drop Shadow（加阴影）特效

5. Radial Shadow（放射阴影）

Radial Shadow（放射阴影）特效利用素材上方的电光源造成阴影效果，而不是无限的光源投射，阴影从源素材上通过Alpha通道产生影响，效果如图6-117所示。

图6-117　Radial Shadow（放射阴影）特效

6.3.11　Stylize（风格化）视频特效组

在Stylize（风格化）文件夹下，共包括有13项风格化效果的视频特效。

1. Alpha Glow（Alpha辉光）

Alpha Glow（Alpha辉光）特效仅对具有Alpha通道的片段起作用，而且仅对第一个Alpha通道起作用。在Alpha通道指定的区域边缘，可以产生一种颜色渐衰减或切换到另一种颜色的效果，如图6-118所示。

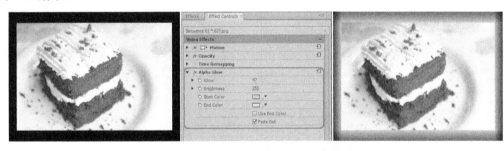

图6-118　Alpha Glow（Alpha辉光）特效

2. Brush Strokes（笔触）

Brush Strokes（笔触）特效可以为图像添加一个粗略的着色效果，也可以通过设置该特效笔触的长短和密度制作出油画风格的图像，效果如图6-119所示。

图6-119　Brush Strokes（笔触）特效

3. Color Emboss（彩色浮雕）

Color Emboss（彩色浮雕）特效用于锐化图像中的对象边缘，并改变图像的原始颜色，效果如图6-120所示。

137

图6-120　Color Emboss（彩色浮雕）特效

4. Emboss（浮雕）

Emboss（浮雕）特效用于锐化图像中对象的边缘并修改图像颜色。此特效会从一个指定的角度使边缘呈现高光效果，效果如图6-121所示。

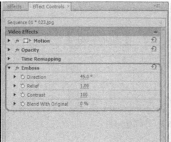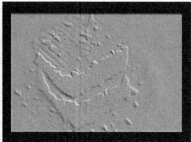

图6-121　Emboss（浮雕）特效

5. Find Edges（查找边缘）

Find Edges（查找边缘）特效用于识别图像中有显著变化或明显的边缘，边缘可以显示为白色背景上的黑线和黑色背景上的彩色线，效果如图6-122所示。

图6-122　Find Edges（查找边缘）特效

6. Mosaic（马赛克）

Mosaic（马赛克）特效将使用大量的单色矩形填充一个图层，效果如图6-123所示。

7. Posterize（海报）

Posterize（海报）特效可以控制影视素材片段的亮度和对比度，从而产生类似于海报的效果，效果如图6-124所示。

图6-123　Mosaic（马赛克）特效

图6-124　Posterize（海报）特效

8. Replicate（重复）

Replicate（重复）特效将屏幕分块，并在每一块中都显示整个图像，通过拖动滑块设置每行或每列的分块数目，效果如图6-125所示。

 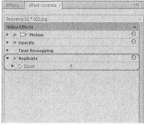 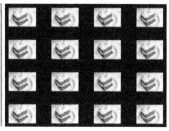

图6-125　Replicate（重复）特效

9. Roughen Edges（边缘粗糙）

Roughen Edges（边缘粗糙）特效可以使图像的边缘产生粗糙效果，在Edge Type（边缘类型）列表中可以选择图像的粗糙类型，如腐蚀、影印等，效果如图6-126所示。

图6-126　Roughen Edges（边缘粗糙）特效

10. Solarize（曝光过度）

Solarize（曝光过度）特效将产生一个正片与负片之间的混合所引起的晕光效果，类似一张相片在显影时的快速曝光，效果如图6-127所示。

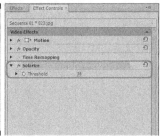

图6-127　Solarize（曝光过度）特效

11. Strobe Light（闪光灯）

Strobe Light（闪光灯）特效用于模拟频闪或闪光灯效果，它随着片段的播放按一定的控制率隐掉一些视频帧，效果如图6-128所示。

图6-128　Strobe Light（闪光灯）特效

12. Texturize（材质纹理）

Texturize（材质纹理）特效使素材看起来具有其他素材的纹理效果，素材图像如图6-129所示，效果如图6-130所示。

13. Threshold（阈值）

Threshold（阈值）特效将素材转化为黑、白两种色彩，通过调整电平值来影响素材的变化。当值为0时素材为白色，当值为255时素材为黑色，一般情况下可以取中间值，效果如图6-131所示。

图6-129　素材图像

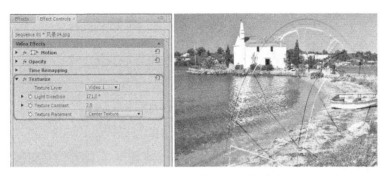

图6-130　Texturize（材质纹理）特效

图6-131　Threshold（阈值）特效

6.3.12　Time（时间）视频特效组

在Time（时间）文件夹下，共包括有两项时间变形效果的视频特效。

1. Echo（拖尾）

Echo（拖尾）特效可以混合一个素材中很多不同的时间帧。它的用处很多，包括从一个简单的视觉回声到飞奔的动感效果的设置，效果如图6-132所示。如果想要清楚地查看特效的效果，需要使用视频文件，读者可以自己找一个视频文件对其进行设置。

图6-132　Echo（拖尾）特效

2. Posterize Time（跳帧）

使用此特效，素材将被锁定到一个指定的帧率，以跳帧播放产生动画效果。如果素材的帧率是25，时间基准也是25，那么在播放1~5帧时只使用第1帧，播放6~10帧时只播放第6帧，依次类推。

▶ 6.3.13 Transform（变换）视频特效组

在Transform（变换）文件夹下，共包括有7项变换效果的视频特效。

1. Camera View（摄像机视图）

Camera View（摄像机视图）特效可以模拟相机从不同角度观看素材，从而产生素材的变形，通过控制相机的位置来改变素材的形状，效果如图6-133所示。

图6-133　Camera View（摄像机视图）特效

2. Crop（裁剪）

Crop（裁剪）特效可以将素材边缘的像素剪掉，并可以自动将修剪过的素材尺寸变到原始尺寸，效果如图6-134所示。

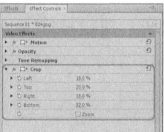

图6-134　Crop（裁剪）特效

3. Edge Feather（边缘羽化）

Edge Feather（边缘羽化）特效用于对素材片段的边缘进行羽化，效果如图6-135所示。

图6-135　Edge Feather（边缘羽化）特效

4. Horizontal Flip（水平翻转）

Horizontal Flip（水平翻转）特效可以使素材水平翻转，效果如图6-136所示。

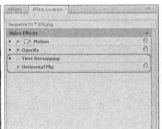

图6-136　Horizontal Flip（水平翻转）特效

5. Horizontal Hold（平行同步）

Horizontal Hold（平行同步）特效可以将图像向左或向右倾斜，参数及效果如图6-137、图6-138所示。

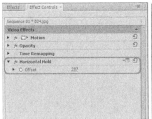

图6-137　Horizontal Hold（平行同步）参数　　　　图6-138　Horizontal Hold（平行同步）特效

6. Vertical Flip（垂直翻转）

Vertical Flip（垂直翻转）特效可以使素材上下翻转，效果如图6-139所示。

图6-139　Vertical Flip（垂直翻转）特效

7. Vertical Hold（垂直同步）

Vertical Hold（垂直同步）特效可以使素材向上翻卷，效果如图6-140所示。

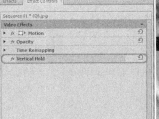

图6-140　Vertical Hold（垂直同步）特效

6.3.14 Transition（过渡）视频特效组

在Transition（过渡）文件夹下，共包括有5项过渡效果的视频特效。

1. Block Dissolve（块叠化）

Block Dissolve（块叠化）特效可使素材随意地一块块消失。Block Width（块宽度）和Block Height（块高度）可以设置溶解时块的大小，效果如图6-141所示。

图6-141 Block Dissolve（块叠化）特效

2. Gradient Wipe（渐变擦除）

Gradient Wipe（渐变擦除）特效中一个素材基于另一个素材相应的亮度值渐渐变为透明，这个素材被称为渐变层。渐变层的黑色像素引起相应的像素变得透明，效果如图6-143所示。

图6-142 素材图像

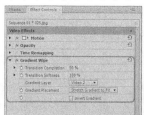 

图6-143 Gradient Wipe（渐变擦除）特效

3. Linear Wipe（线性擦除）

Linear Wipe（线性擦除）特效是利用黑色区域从图像的一边向另一边抹去，最后图像完全消失，效果如图6-144所示。

图6-144 Linear Wipe（线性擦除）特效

4. Radial Wipe（径向擦除）

Radial Wipe（径向擦除）特效使素材以指定的一个点为中心进行旋转，从而显示出下面的素材，效果如图6-145所示。

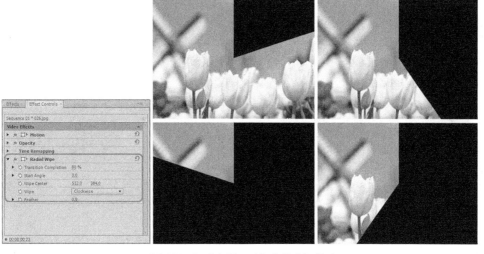

图6-145　Radial Wipe（径向擦除）特效

5. Venetian Blinds（百叶窗）

Venetian Blinds（百叶窗）特效可以将图像分割成类似百叶窗的长条状，效果如图6-146所示。

图6-146　Venetian Blinds（百叶窗）特效

6.3.15　Utility（实用）视频特效组

在Utility（实用）文件夹下，共包括有1项视频特效。

Cineon Converter（Cineon转换）特效提供一个高度数的Cineon图像的颜色转换器，效果如图6-147所示。

图6-147　Cineon Converter（Cineon转换）特效

▶ 6.3.16 Video（视频）视频特效

在Video（视频）文件夹下，共包括有1项视频特效。

Timecode（时间码）特效可以为素材添加时间码显示，使用滑块控制可以修剪素材个别边缘。可以采用像素或图像百分比两种方式计算，效果如图6-148所示。

图6-148　Timecode（时间码）特效

6.4 拓展练习——美图欣赏

源 文 件:	源文件\场景\第6章\美图欣赏.prproj
视频文件:	视频\第6章\美图欣赏.avi

本例主要运用Effects（特效）窗口中常用的几个特效，并通过设置关键帧而产生动态效果。通过本例学习可以对前面所介绍的知识进行巩固，效果如图6-149所示，其具体操作步骤如下。

图6-149　美图欣赏效果

01 启动Premiere Pro CS6软件，在弹出的界面中单击New Project（新建项目）按钮，如图6-150所示。

02 在弹出的对话框中单击Location（位置）右侧的Browse（浏览）按钮，在弹出的对话框中为其指定保存路径，如图6-151所示。

03 设置完成后，单击"选择文件夹"按钮，将Name（名称）设置为"美图欣赏"，如图6-152所示。

04 设置完成后，单击OK按钮，在弹出的对话框中使用其默认设置，单击OK按钮，在Project（项目）窗口中的空白处双击鼠标，在弹出的对话框中选择如图6-153所示的图像文件。

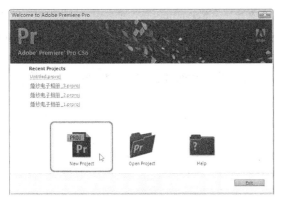

图6-150　单击New Project（新建项目）按钮

图6-151　指定保存位置

图6-152　设置Name（名称）

图6-153　选择素材文件

05 选择完成后，单击"打开"按钮，将选中的素材文件导入到Project（项目）窗口中，效果如图6-154所示。

06 在Project（项目）窗口中选择"001.jpg"素材图像，按住鼠标将其拖曳至Video 1（视频1）轨道中，在Effect Controls（特效控制）窗口中将Scale（比例）设置为77.0，如图6-155所示。

图6-154　导入素材文件

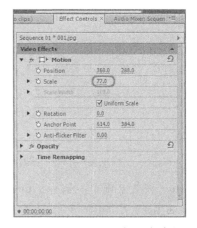

图6-155　设置Scale（比例）参数

07 在Effects（特效）窗口中选择Video Effects（视频特效）文件夹，再在该文件夹中选择Generate（生成）中的Grid（栅格）特效，如图6-156所示。

08 双击该特效，将其添加至"001.jpg"素材图像上，在Sequence（序列）窗口中将指针拖曳至00:00:00:00处，在Effect Controls（特效控制）窗口中将Size From（尺寸从）设置为Corner Point（转折点），单击Border（边框）左侧的Toggle animation（切换动画）按钮，将其参数设置为83.0，将Blending Mode（混合模式）设置为Normal（正常），如图6-157所示。

图6-156 选择Grid（栅格）特效

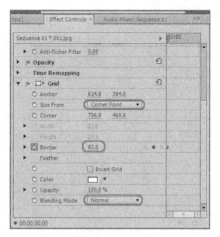

图6-157 调整Grid（栅格）参数

09 在Sequence（序列）窗口中将指针拖曳至00:00:04:10处，在Effect Controls（特效控制）窗口中将Border（边框）设置为0.0，如图6-158所示。

10 在Project（项目）窗口中选择"070.jpg"素材图像，按住鼠标将其拖曳至"001.jpg"的结尾处，在Effect Controls（特效控制）窗口中将Video Effects（视频特效）下的Scale（比例）设置为77.0，如图6-159所示。

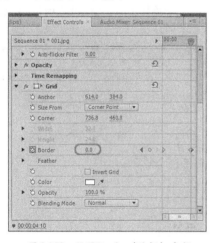

图6-158 设置Border（边框）参数

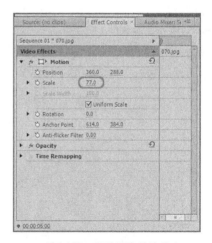

图6-159 设置图像的缩放

11 在Effects（特效）窗口中选择Video Effects（视频特效）文件夹，再在该文件夹中选择Generate（生成）中的Lens Flare（镜头光晕）特效，如图6-160所示。

12 双击该特效，将其添加至"070.jpg"素材图像上，在Sequence（序列）窗口中将指针拖曳至00:00:05:01处，在Effect Controls（特效控制）窗口中单击Flare Center（耀斑中心）左侧的Toggle animation（切换动画）按钮，将其参数设置为1003.7、93.4，如图6-161所示。

图6-160　选择Lens Flare（镜头光晕）选项

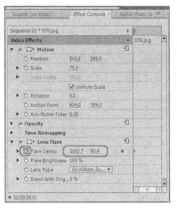

图6-161　调整Flare Center（耀斑中心）参数

🔞 在Sequence（序列）窗口中将指针拖曳至00:00:09:24处，在Effect Controls（特效控制）窗口中将Flare Center（耀斑中心）设置为838.2、292.1，如图6-162所示。

🔟 在Effects（特效）窗口中选择Video Transitions（视频转场特效）文件夹，再在该文件夹中选择Wipe（擦除）中的Band Wipe（带状擦除），如图6-163所示。

图6-162　调整Flare Center（耀斑中心）参数

图6-163　选择Band Wipe（带状擦除）

🔢 按住鼠标将其拖曳至"001.jpg"与"070.jpg"之间，为其添加转场特效，效果如图6-164所示。

🔢 在Project（项目）窗口中选择"023.jpg"素材图像，按住鼠标将其拖曳至"070.jpg"的结尾处，在Effect Controls（特效控制）窗口中将Scale（比例）设置为77.0，如图6-165所示。

图6-164　添加转场后的效果

图6-165　调整图像的大小

⑰ 在Effects（特效）窗口中选择Video Effects（视频特效）文件夹，再在该文件夹中选择Color Correction（色彩校正）中的RGB Curves（RGB曲线），如图6-166所示。

⑱ 双击该特效，将其添加至"023.jpg"素材图像上，Effect Controls（特效控制）窗口中的Master（主控制器）中添加一个调节点，并对其进行调整，如图6-167所示。

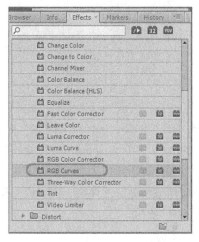

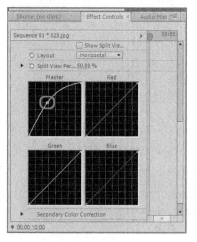

图6-166　选择RGB Curves（RGB曲线）　　　图6-167　添加调节点并进行调整

⑲ 执行该操作后，即可完成对素材文件的调整，调整后的效果如图6-168所示。

⑳ 在Effects（特效）窗口中选择Video Transitions（视频转场特效）文件夹，再在该文件夹中选择Wipe（擦除）中的Pinwheel（风车），如图6-169所示。

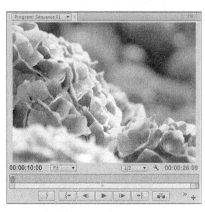

图6-168　调整后的效果　　　　　　图6-169　选择Pinwheel（风车）

㉑ 按住鼠标将其拖曳至"070.jpg"与"023.jpg"之间，为其添加转场特效，效果如图6-170所示。

㉒ 在Project（项目）窗口中选择"083.jpg"素材图像，按住鼠标将其拖曳至"023.jpg"的结尾处，在轨道中选中该素材文件，右击鼠标，在弹出的快捷菜单中选择Speed/Duration（速度/持续时间）命令，如图6-171所示。

㉓ 在弹出的对话框中将Duration（持续时间）设置为00:00:02:09，如图6-172所示。

㉔ 设置完成后，单击OK按钮，使用同样的方法再将"083.jpg"拖曳至Video 2（视频2）轨道中的00:00:14:24处，并将其Duration（持续时间）设置为00:00:02:06，调整后的效果如图6-173所示。

图6-170 添加转场特效后的效果

图6-171 选择Speed/Duration（速度/持续时间）命令

图6-172 设置Duration（持续时间）

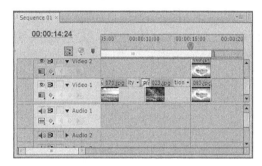

图6-173 调整后的效果

25 选择Video 2（视频2）轨道中的素材图像，在Effects（特效）窗口中选择Video Effects（视频特效）文件夹，再在该文件夹中选择Distort（扭曲）中的Mirror（镜像）特效，如图6-174所示。

26 双击该特效，在Effect Controls（特效控制）窗口中将Opacity（透明度）设置为65.0%，将Reflection Center（反射中心）设置为485.0、427.0，将Reflection Angle（反射角度）设置为90.0°，如图6-175所示。

图6-174 选择Mirror（镜像）特效

图6-175 调整参数

27 继续选择Video 2（视频2）轨道中的素材图像，在Effects（特效）窗口中选择Video Effects（视频特效）文件夹，再在该文件夹中选择Transform（变换）中的Crop（裁剪）特效，如图6-176所示。

28 双击该特效，在Effect Controls（特效控制）窗口中将Top（顶部）设置为58.0%，如图6-177所示。

图6-176　选择Crop（裁剪）　　　　　图6-177　设置Top（顶部）参数

29 设置完成后，即可对该图像进行裁剪，裁剪后的效果如图6-178所示。

30 使用同样的方法添加素材图像，并为其添加不同的视频转场特效，根据个人喜好添加背景音乐，效果如图6-179所示。

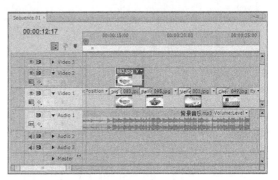

图6-178　裁剪后的效果　　　　　　图6-179　设置效果

31 按Ctrl+M组合键，在弹出的对话框中单击Output Name（输出名称）右侧的序列名称，如图6-180所示。

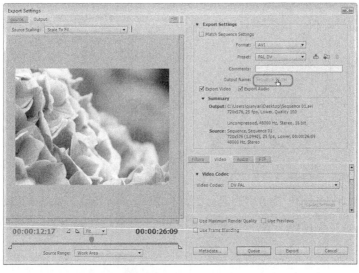

图6-180　单击序列名称

㉜ 在弹出的对话框中指定保存路径，将"文件名"设置为"美图欣赏"，如图6-181所示。

㉝ 设置完成后，单击"保存"按钮，返回至Export Settings（导出设置）对话框，单击Export（导出）按钮即可。

图6-181　Save As（另存为）对话框

6.5　本章小结

　　本章主要介绍了如何添加视频特效，在Premiere中为素材赋予一个视频特效很简单，只需从Effects（特效）窗口中拖出一个特效到Sequence（序列）窗口中的素材片段上。如果素材片段处于选择状态，也可以拖出特效到该片段的Effect Controls（特效控制）窗口中。

- 选择要添加视频特效的素材文件，切换到Effects（特效）窗口中，将Video Effects（视频特效）| Image Control（图像控制）下面的Color Balance（RGB）（色彩平衡，RGB）拖到Sequence（序列）窗口中的图像上，在Effect Controls（特效控制）窗口中调整其相应的参数。

6.6　课后习题

1. 选择题

（1）Arithmetic（算法）特效可以对一个图像的（　　）通道进行不同的简单数学操作。下列选项错误的是。

　　A. Red Value　　　　　　　　　　B. Green Value

　　C. Blue Value　　　　　　　　　　D. Alpha Blurriness

（2）Lighting Effects（照明效果）特效可以在一个素材上同时添加（　　）灯光特效，并可以调节它们的属性。

　　A. 1个　　　　　　　　　　　　　B. 2个

　　C. 5个　　　　　　　　　　　　　D. 多个

2. 填空题

（1）Change Color（改变颜色）特效通过在素材色彩范围内调整_____、_____

和_____，来改变色彩范围内的颜色。

（2）Shadow/Highlight（阴影/高光）特效可以使一个图像_____并附有_____，还原图像的高光值。

3. 判断题

（1）在Premiere中，动画需要的每张图像就相当于其中的一个帧，因此帧是构成动画的核心元素。（　　）

（2）在Premiere中，设置动画效果属性，不需要激活属性的关键帧。（　　）

4. 上机操作题

使用本章所讲的内容调整图像，效果如图6-182所示。

图6-182　图像效果

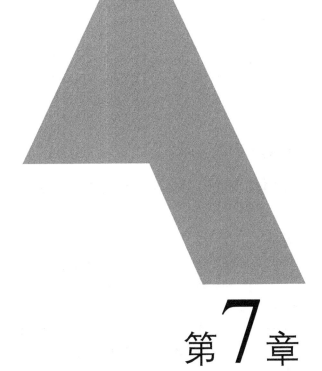

第7章
转场特效的应用

影视镜头是组成电影以及其他影视节目的基本单位。一部电影或者一个电视节目是由很多镜头组成的，镜头之间组接时的显示变化被称为切换或转场。每个素材段落都是单一的、相对完整的，一个个段落连接在一起，形成完整的作品。

控制画面之间转场效果的方式很多，两个素材之间最常见的转场方式就是直接转换，即从一个素材到另一个素材的直接变换。通过为素材添加转场特效，剪辑人员可以将多个独立的素材和谐地融合成一个完整的影视作品。

学习要点

- 设置转场特效以完善影片效果
- 应用高级转场特效合成完整影视作品

7.1 转场特效设置

所谓转场，是指上一个素材的结束处与下一个素材开始处的过渡，素材与素材之间的切换会用到切换效果，对它们的效果进行设置，以使最终的显示效果更加丰富多彩。

Premiere Pro CS6中的视频转场特效都存放在Effects（特效）窗口中的Video Transitions（视频转场特效）文件夹中，共分为10个分组，如图7-1所示。

在Effects（特效）窗口中的按钮，说明如下。

- Accelerated Effects（可以加速的特效）：带有此图标的特效可以通过显卡加速渲染功能加速渲染速度，只有安装在Adobe官方支持列表内的显卡才可以开启此功能。
- 32-bit Color（32位色深）：带有此图标的特效支持32位色深模式，颜色效果更加细腻。
- YUV Effects（YUV特效）：带有该图标的特效支持YUV色彩模式，该模式组用于优化色彩视频信号的传输，使其向后相容老式黑白电视，解决彩色电视机与黑白电视机的兼容问题，使黑白电视机也能接收彩色电视信号。

图7-1 视频转场特效

7.1.1 添加视频转场特效

Video Transitions（视频转场特效）在影视制作中比较常用，镜头切换效果可以使两段不同的视频之间产生各式各样的过渡效果。

实例：添加转场特效

源 文 件：	源文件\场景\第7章\添加转场特效.prproj
视频文件：	视频\第7章\添加转场特效.avi

为素材添加转场特效的具体操作步骤如下。

01 启动Premiere Pro CS6软件，在欢迎界面中单击New Project（新建项目）按钮，弹出New Project（新建项目）对话框，设置存储位置，将项目名称设置为"添加转场特效"，单击OK按钮，如图7-2所示。

02 弹出New Sequence（新建序列）对话框，保持默认设置，单击OK按钮，如图7-3所示。

图7-2 设置项目

图7-3 New Sequence（新建序列）对话框

03 进入Premiere Pro CS6操作界面，在Project（项目）窗口中的空白区域双击鼠标左键，弹出Import（导入）对话框，选择随书附带光盘中的"源文件\素材\第7章"，在此文件夹中选择两张素材图片，单击"打开"按钮，如图7-4所示。

04 在Project（项目）窗口中选择文件"a.jpg"，按住鼠标左键将其拖至Sequence（序列）窗口中Video 1（视频1）轨道上，如图7-5所示。

图7-4 选择素材文件

图7-5 置入素材

05 选择"b.jpg"并按住鼠标左键，将其拖至Video 1（视频1）轨道上，并放置在"a.jpg"之后，如图7-6所示。

06 在Effects（特效）窗口中，展开Video Transitions（视频转场特效）文件夹，选择Dissolve（叠化）文件夹下的Random Invert（随机反相）转场特效，按住鼠标左键将该特效拖至两段素材的结合处，如图7-7所示。

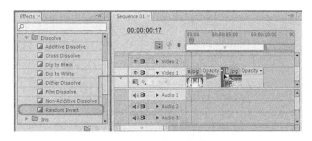

图7-6 置入素材

图7-7 添加转场特效

07 按空格键预览影片效果，如图7-8所示。

图7-8 转场特效

7.1.2 调整特效持续时间

为素材添加转场特效之后，在Sequence（序列）窗口中的素材上会出现一个重叠区域，这个

157

重叠区域就是发生切换的范围。

在Sequence（序列）窗口中选择转场特效，将鼠标指针移动至转场特效的边缘，当鼠标指针变为时，按住鼠标左键进行拖动就可以拉长或者缩短转场特效的持续时间，增大或减少特效的影响区域，如图7-9所示。

切换至Effect Controls（特效控制）窗口，窗口中会显示当前转场特效的各种参数，如图7-10所示。调节Duration（持续时间）参数的数值，就可以精确地控制转场特效的持续时间。

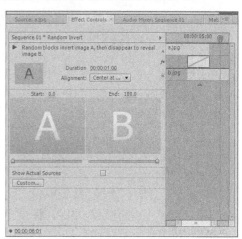

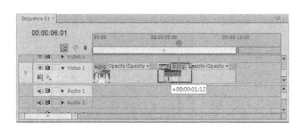

图7-9　调整转场特效的持续时间　　　　图7-10　调整转场特效的持续时间

7.1.3　调整转场特效的作用区域

在Effect Controls（特效控制）窗口中可以调整特效的作用区域，在Alignment（对齐）下拉列表中提供了几种转场特效的对齐方式，如图7-11所示。

- Center at Cut（居中于切点）：转场特效添加在两段素材的中间位置，如图7-12所示。

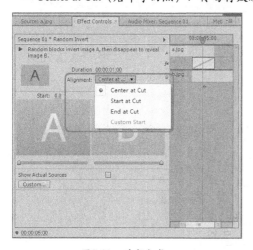

图7-11　对齐方式　　　　　　　　　图7-12　居中于切点

- Start at Cut（开始于切点）：以素材b的入点位置为准建立切点，如图7-13所示。
- End at Cut（结束于切点）：以素材a的出点位置为转场结束位置，如图7-14所示。
- Custom Start（自定义起始点）：通过鼠标拖动转场特效，自定义转场的起始位置。

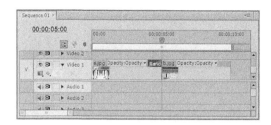

图7-13　开始于切点　　　　　　　　　　　　　图7-14　结束于切点

🔍 提 示

只有通过拖曳方式才可以设置Custom Start（自定义起始点）对齐方式。

7.1.4　调整其他参数

使用Effect Controls（特效控制）窗口可以改变时间线上的切换设置，包括切换的中心点、起点和终点的数值、边界以及防锯齿质量的设置，以Slash Slide（斜叉滑动）特效为例，如图7-15所示。

- Show Actual Sources（显示实际来源）：显示素材的起点和终点帧。
- Border Width（边宽）：调整切换的边框选项的宽度，默认状况下没有边框，部分切换没有边框的设置项。
- Border Color（边色）：指定切换的边框颜色，使用颜色样本或吸管可以选择颜色。
- Reverse（反转）：反向播放切换。
- Anti-aliasing Quality（抗矩齿品质）：调整过渡边缘的光滑度。

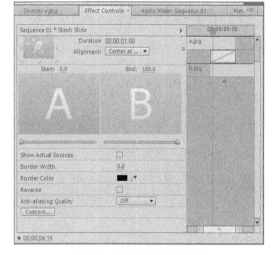

图7-15　转场特效的参数设置

- Custom（自定义）：改变切换的特定设置。大多数切换不具备自定义设置。

7.1.5　设置默认转场特效

在Video Transitions（视频转场特效）文件夹中任意选择一个转场特效，单击鼠标右键，在弹出的快捷菜单中选择Set Selected as Default Transition（设定当前选择为默认转场），将当前选择的特效设置为默认转场特效，如图7-16所示。

设置默认转场特效后，当需要对大量的素材片段应用相同的转场特效时，可以通过使用默认转场特效对其添加默认的特效。

在Sequence（序列）窗口中选择全部的素材片段，然后在菜单栏中选择Sequence（序列）|Apply Default Transitions to Selection（应用默认转场到当前选择）命令，如图7-17所示，即可将默认的转场特效应用到选择的素材片段上。

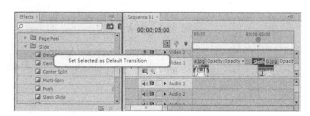

图7-16　设定当前选择为默认转场

图7-17　Apply Default Transitions to Selection
（应用默认转场到当前选择）命令

7.2　高级视频转场特效

Premiere Pro CS6提供了很多种典型的转换效果，它们按照不同的类型放在不同的文件夹中。

7.2.1　3D Motion（3D运动）视频转场特效组

3D Motion（3D运动）文件夹中包含共10种三维运动效果的视频转场特效。

1. Cube Spin（立方旋转）

Cube Spin（立方旋转）转场特效可以产生立方体旋转的三维切换效果，效果如图7-18所示。

图7-18　Cube Spin（立方旋转）转场特效

2. Curtain（窗帘样式）

Curtain（窗帘样式）转场特效可以产生类似窗帘向左右掀开的切换效果，效果如图7-19所示。

图7-19　Curtain（窗帘样式）转场特效

3. Doors（门）

Doors（门）转场特效可以产生开门式的切换效果，效果如图7-20所示。

图7-20　Doors（门）转场特效

4. Flip Over（翻转）

Flip Over（翻转）转场特效可以使图像A翻转到图像B，效果如图7-21所示。

图7-21　Flip Over（翻转）转场特效

5. Fold Up（上折叠）

Fold Up（上折叠）转场特效可以产生一种折叠式的切换效果，效果如图7-22所示。

图7-22　Fold Up（上折叠）转场特效

6. Spin（旋转）

Spin（旋转）转场特效可以使素材旋转过渡到另一素材，效果如图7-23所示。

图7-23　Spin（旋转）转场特效

7. Spin Away（筋斗过渡）

Spin Away（筋斗过渡）转场特效可以产生透视旋转效果，效果如图7-24所示。

图7-24　Spin Away（筋斗过渡）转场特效

8. Swing In（摆入）

Swing In（摆入）转场特效可以使素材以某条边为中心像窗户一样由外向里过渡到另一个素材中，效果如图7-25所示。

图7-25　Swing In（摆入）转场特效

9. Swing Out（摆出）

Swing Out（摆出）转场特效可以使素材如同一扇窗户一样由外向里过渡到另一素材中，效果如图7-26所示。

图7-26　Swing Out（摆出）转场特效

10. Tumble Away（旋转离开）

Tumble Away（旋转离开）转场特效可以产生透视旋转效果，效果如图7-27所示。

图7-27　Tumble Away（旋转离开）转场特效

实例：Tumble Away（旋转离开）转场特效应用

源 文 件:	源文件\场景\第7章\"Tumble Away"转场特效.prproj
视频文件:	视频\第7章\"Tumble Away"转场特效.avi

01 新建项目文件后，在Project（项目）窗口的空白处双击鼠标左键，弹出Import（导入）对话框，打开随书附带光盘中的"源文件\素材\第7章\转场特效01.jpg、转场特效02.jpg"，单击"打开"按钮，如图7-28所示。

02 导入素材文件后，在Project（项目）窗口中选择"转场特效01.jpg"，按住鼠标左键将其拖至Sequence（序列）窗口中Video 1（视频1）轨道上，如图7-29所示。

图7-28 选择素材文件

图7-29 置入素材

03 置入素材文件后，在Program（节目）监视窗口中查看素材的显示状况，发现图像的显示比例过大，如图7-30所示。

04 在Sequence（序列）窗口中选择置入的图片素材，切换到Effect Controls（特效控制）窗口，单击Motion（运动）选项左侧的图标▶，展开选项，调整Scale（比例）选项的数值为78.0，如图7-31所示。

图7-30 查看素材

图7-31 调整素材的缩放比例

05 调整完成后，查看素材的显示情况，如图7-32所示。

06 使用相同的方法，将"转场特效02.jpg"拖至Video 1（视频1）轨道中，将其放置在"转场特效01.jpg"的后面，如图7-33所示。

图7-32　查看素材

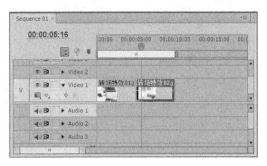

图7-33　置入图片素材

07 使用相同的方式，调整"转场特效02.jpg"，在Effect Controls（特效控制）窗口调整其显示比例，设置Scale（比例）选项的数值为78.0，效果如图7-34所示。

08 在Effects（特效）窗口中，展开Video Transitions（视频转场特效）文件夹，选择3D Motion（3D运动）文件夹下的Tumble Away（旋转离开）转场特效，按住鼠标左键将该特效拖至两段素材的结合处，如图7-35所示。

图7-34　查看素材

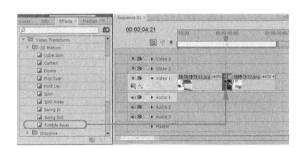

图7-35　添加转场特效

09 添加特效后，按空格键预览影片效果，效果如图7-36所示。

图7-36　Tumble Away（旋转离开）转场特效

10 选择添加的特效，切换至Effect Controls（特效控制）窗口，可以对该特效的各项参数进行设置，如图7-37所示。

11 选中Show Actual Sources（显示实际来源）复选框，可以显示实际的素材，适当调整End（结束）中的圆形，调整切换中心，如图7-38所示。

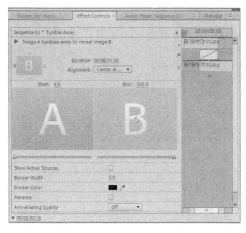

图7-37 Effect Controls (特效控制) 窗口

图7-38 设置参数

12 调整完成后，按空格键预览特效，效果如图7-39所示。

图7-39 最终效果

7.2.2 Dissolve (叠化) 视频转场特效组

Dissolve (叠化) 文件夹下，共包括有8种溶解效果的视频转场特效。

1. Additive Dissolve (附加叠化)

Additive Dissolve (附加叠化) 转场特效可以将素材A作为纹理贴图映像给图像B，实现高亮度叠化切换效果，效果如图7-40所示。

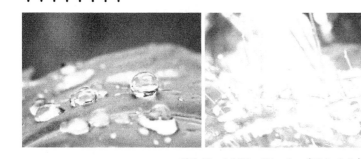

图7-40 Additive Dissolve (附加叠化) 转场特效

2. Cross Dissolve (交叉叠化)

Cross Dissolve (交叉叠化) 转场特效可以将两个素材叠化转换，即前一个素材逐渐消失同时后一个素材逐渐显示，效果如图7-41所示。

图7-41　Cross Dissolve（交叉叠化）转场特效

3. Dip to Black（黑场过渡）

Dip to Black（黑场过渡）转场特效可以使前一个素材逐渐变黑，然后使后一个素材由黑逐渐显示，效果如图7-42所示。

图7-42　Dip to Black（黑场过渡）转场特效

4. Dip to White（白场过渡）

Dip to White（白场过渡）转场特效与Dip to Black（黑场过渡）很相似，它可以使前一个素材逐渐变白，然后使后一个素材由白逐渐显示，效果如图7-43所示。

图7-43　Dip to White（白场过渡）转场特效

5. Dither Dissolve（抖动叠化）

Dither Dissolve（抖动叠化）转场特效使两个素材实现抖动叠化转换，也就是叠化过程中增加了一些点，效果如图7-44所示。

6. Film Dissolve（胶片叠化）

Film Dissolve（胶片叠化）转场特效使素材产生胶片朦胧的效果切换至另一个素材，效果如图7-45所示。

图7-44　Dither Dissolve（抖动叠化）转场特效

图7-45　Film Dissolve（胶片叠化）转场特效

7. Non-Additive Dissolve（非附加叠化）

Non-Additive Dissolve（非附加叠化）转场特效在转换中比较两个素材的亮度，从结束素材中较亮的区域逐渐显示，效果如图7-46所示。

图7-46　Non-Additive Dissolve（非附加叠化）转场特效

8. Random Invert（随机反相）

Random Invert（随机反相）转场特效在默认设置时，开始位置的素材先以随机块形式反转色彩，然后结束位置的素材以随机块形式逐渐显示，效果如图7-47所示。

图7-47　Random Invert（随机反相）转场特效

创意大学
Premiere Pro CS6标准教材

添加 Random Invert（随机反相）转场特效后，切换至Effect Controls（特效控制）窗口，单击Custom（自定义）按钮，弹出Random Invert Settings（随机反相设置）对话框，如图7-48所示。

各项参数设置说明如下。

- Wide（宽度）：图像水平随机块数量。
- High（高度）：图像垂直随机块数量。
- Invert Source（反相源）：显示素材即图像A的反色效果。
- Invert Destination（反相目标）：显示素材即图像B的反色效果。

图7-48 参数设置

实例：Random Invert（随机反相）转场特效应用

| 源　文　件: | 源文件\场景\第7章\"Random Invert"转场特效.prproj |
| 视频文件: | 视频\第7章\"Random Invert"转场特效.avi |

01 新建项目文件后，在Project（项目）窗口的空白处双击鼠标左键，弹出Import（导入）对话框，打开随书附带光盘中的"源文件\素材\第7章\转场特效01.jpg、转场特效02.jpg"，单击"打开"按钮，如图7-49所示。

02 导入素材文件后，在Project（项目）窗口选择"转场特效01.jpg"、"转场特效02.jpg"，按住鼠标左键将其拖至Sequence（序列）窗口中的Video 1（视频1）轨道上，如图7-50所示。

图7-49 选择素材文件

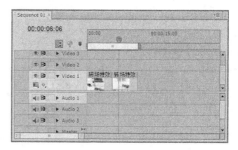
图7-50 置入素材

03 切换至Effect Controls（特效控制）窗口中，分别调整两个素材的显示比例，将Scale（比例）值设置为78.0，素材显示效果如图7-51所示。

04 在Effects（特效）窗口中，展开Video Transitions（视频转场特效）文件夹，选择Dissolve（叠化）文件夹下的Random Invert（随机反相）转场特效，按住鼠标左键将该特效拖至两段素材的结合处，如图7-52所示。

图7-51 素材显示效果

图7-52 添加转场特效

05 添加特效后，按空格键预览影片效果，效果如图7-53所示。

图7-53　Random Invert（随机反相）转场特效

06 在Sequence（序列）窗口中选择添加的特效，然后切换至Effect Controls（特效控制）窗口中，单击Custom（自定义）按钮，弹出Random Invert Settings（随机反相设置）对话框，如图7-54所示。

07 在Random Invert Settings（随机反相设置）对话框中，设置Wide（宽度）为40，High（高度）为25，设置完成后单击OK按钮，如图7-55所示。

图7-54　Random Invert Settings（随机反相设置）对话框

图7-55　设置参数

08 按空格键预览影片效果，效果如图7-56所示。

图7-56　最终效果

7.2.3　Iris（划像）视频转场特效组

Iris（划像）文件夹中共包括7种以划像方式过渡的视频转场特效。

1. Iris Box（划像盒）

Iris Box（划像盒）转场特效可以产生矩形扩展或收缩的切换效果，效果如图7-57所示。

图7-57　Iris Box（划像盒）转场特效

2. Iris Cross（十字划像）

Iris Cross（十字划像）转场特效可以产生十字交叉状的切换效果，效果如图7-58所示。

图7-58　Iris Cross（十字划像）转场特效

3. Iris Diamond（菱形划像）

Iris Diamond（菱形划像）转场特效可以产生菱形的切换效果，效果如图7-59所示。

图7-59　Iris Diamond（菱形划像）转场特效

4. Iris Points（点划像）

Iris Points（点划像）转场特效可以产生X形状的切换效果，效果如图7-60所示。

图7-60　Iris Points（点划像）转场特效

5. Iris Round（圆形划像）

Iris Round（圆形划像）转场特效可以产生一个圆形的效果，效果如图7-61所示。

图7-61　Iris Round（圆形划像）转场特效

6. Iris Shapes（形状划像）

Iris Shapes（形状划像）转场特效可以使用自定义的形状进行切换，效果如图7-62所示。

图7-62　Iris Shapes（形状划像）转场特效

添加Iris Shapes（形状划像）转场特效后切换至Effect Controls（特效控制）窗口，单击Custom（自定义）按钮，弹出Iris Shapes Settings（形状划像设置）对话框，如图7-63所示，在该对话框中设置划像形状。

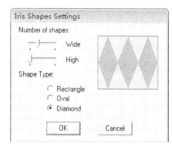

图7-63　自定义划像形状

7. Iris Star（星形划像）

Iris Star（星形划像）转场特效可以产生五角样式的切换效果，效果如图7-64所示。

图7-64　Iris Star（星形划像）转场特效

实例：Iris Shapes（形状划像）转场特效应用

源　文　件：	源文件\场景\第7章\"Iris Shapes"转场特效.prproj
视频文件：	视频\第7章\"Iris Shapes"转场特效.avi

01 新建项目文件后，在Project（项目）窗口的空白处双击鼠标左键，弹出Import（导入）对话框，打开随书附带光盘中的"源文件\素材\第7章\转场特效01.jpg、转场特效02.jpg"，单击"打开"按钮，如图7-65所示。

02 导入素材文件后，使用上一实例所讲的方法，将图片素材置入Sequence（序列）窗口的Video 1（视频1）轨道中，如图7-66所示。

03 在Effect Controls（特效控制）窗口中，分别将两个素材的Scale（比例）值设置为78.0，图片素材显示效果如图7-67所示。

04 在Effects（特效）窗口中，展开Video Transitions（视频转场特效）文件夹，选择Iris（划像）文件夹下的Iris Shapes（形状划像）转场特效，按住鼠标左键将该特效拖至两段素材的结合处，如图7-68所示。

图7-65　选择素材文件

图7-66　素材显示效果

图7-67　素材显示效果

图7-68　添加特效

05 添加特效后，按空格键预览影片效果，效果如图7-69所示。

图7-69　Iris Shapes（形状划像）转场特效

7.2.4　Map（映射）视频转场特效组

Map（映射）文件夹中共包括两种以映射方式过渡的视频转场特效。

1. Channel Map（通道映射）

Channel Map（通道映射）转场特效可以从图像A和图像B选择通道并映射到输出画面，效果如图7-70所示。

图7-70　Channel Map（通道映射）转场特效

添加Channel Map（通道映射）转场特效时，弹出Channel Map Settings（通道映射设置）对话框，如图7-71所示。

2. Luminance Map（亮度映射）

Luminance Map（亮度映射）转场特效可以将图像A的亮度映射到图像B，其效果如图7-72所示。

图7-71　参数设置

图7-72　Luminance Map（亮度映射）转场特效

7.2.5　Page Peel（卷页）视频转场特效组

Page Peel（卷页）文件夹中共存有5种卷页效果的视频转场特效。

1. Center Peel（中心卷页）

Center Peel（中心卷页）转场特效可以使素材从中心一起分裂成四块卷出并过渡到另一素材，效果如图7-73所示。

图7-73　Center Peel（中心卷页）转场特效

2. Page Peel（卷页）

Page Peel（卷页）转场特效产生卷页转换的效果，效果如图7-74所示。

3. Page Turn（翻转卷页）

Page Turn（翻转卷页）转场特效和Page Peel（卷页）转场特效类似，但是素材A卷起时，背面素材部分仍然显示素材A的画面，效果如图7-75所示。

图7-74 Page Peel（卷页）转场特效

图7-75 Page Turn（翻转卷页）转场特效

4. Peel Back（背面卷页）

Peel Back（背面卷页）转场特效可以使开始素材由中央呈四块分别被卷走，显露出结束素材，效果如图7-76所示。

图7-76 Peel Back（背面卷页）转场特效

5. Roll Away（卷走）

Roll Away（卷走）转场特效可以使素材产生像纸一样被卷起来的切换效果，效果如图7-77所示。

图7-77 Roll Away（卷走）转场特效

7.2.6 Slide（滑动）视频转场特效组

Slide（滑动）文件夹中共包括12种滑动效果的视频转场特效。

1. Band Slide（带状滑动）

Band Slide（带状滑动）转场特效可以使图像B以条状介入，并逐渐覆盖图像A，效果如图7-78所示。

图7-78　Band Slide（带状滑动）转场特效

2. Center Merge（中心聚合）

Center Merge（中心聚合）转场特效可以使图像A从正中心裂成四块并向中央合并，露出图像B，效果如图7-79所示，

图7-79　Center Merge（中心聚合）转场特效

3. Center Split（中心分割）

Center Split（中心分割）转场特效可任意使图像A从中心分裂为四块，向四角滑出，显现出图像B，效果如图7-80所示。

图7-80　Center Split（中心分割）转场特效

4. Multi-Spin（多重旋转）

Multi-Spin（多重旋转）转场特效可以使图像B被分割成若干个小方格旋转铺入，效果如图7-81所示。

图7-81　Multi-Spin（多重旋转）转场特效

5. Push（推挤）

Push（推挤）转场特效可以使图像B将图像A推出屏幕，效果如图7-82所示。

图7-82　Push（推挤）转场特效

6. Slash Slide（斜叉滑动）

Slash Slide（斜叉滑动）转场特效可以使图像B呈自由线条状滑入图像A，效果如图7-83所示。

图7-83　Slash Slide（斜叉滑动）转场特效

7. Slide（滑动）

Slide（滑动）转场特效可以使图像B滑入覆盖图像A，效果如图7-84所示。

图7-84　Slide（滑动）转场特效

8. Sliding Bands（滑动条带）

Sliding Bands（滑动条带）转场特效可以使图像B在水平或垂直的线条中逐渐显示，效果如图7-85所示。

图7-85　Sliding Bands（滑动条带）转场特效

9. Sliding Boxer（滑动盒）

Sliding Boxer（滑动盒）转场特效与Sliding Bands（滑动条带）转场特效类似，其图像B的形成更像是积木的累积，效果如图7-86所示。

图7-86　Sliding Boxer（滑动盒）转场特效

10. Split（分裂）

Split（分裂）转场特效可以使图像A像自动门一样打开，露出图像B，效果如图7-62所示。

图7-87　Split（分裂）转场特效

11. Swap（交替）

Swap（交替）转场特效可以使图像B从图像A后方转向前方盖压图像A，效果如图7-88所示。

12. Swirl（漩涡）

Swirl（漩涡）转场特效可以使图像B打破为若干方块从图像A中旋转而出，效果如图7-64所示。

图7-88 Swap（交替）转场特效

图7-89 Swirl（漩涡）转场特效

7.2.7 Special Effect（特殊效果）视频转场特效组

Special Effect（特殊效果）文件夹中共包括3种特殊效果的视频转场特效。

1. Displace（置换）

Displace（置换）转场特效以处于时间线前方的片段作为位移图，以其像素颜色值的明暗，分别用水平和垂直的错位来影响与其进行切换的片段，效果如图7-90所示。

图7-90 Displace（置换）转场特效

2. Texturize（纹理材质）

Texturize（纹理材质）转场特效可以产生纹理贴图效果，效果如图7-91所示。

图7-91 Texturize（纹理材质）转场特效

3. Three-D（三次元）

Three-D（三次元）转场特效可以把开始素材映射给结束素材的红通道和蓝通道，效果如图7-92所示。

图7-92　Three-D（三次元）转场特效

7.2.8　Stretch（拉伸）视频转场特效组

Stretch（拉伸）文件夹下共包括4种拉伸效果的视频转场特效。

1. Cross Stretch（交接伸展）

Cross Stretch（交接伸展）转场特效可以使素材从一个边伸展进入，同时另一个素材收缩消失，效果如图7-93所示。

图7-93　Cross Stretch（交接伸展）转场特效

2. Stretch（拉伸）

Stretch（拉伸）转场特效类似Cross Stretch（交接伸展）转场特效，素材也从一个边伸展进入，逐渐覆盖另一个素材，效果如图7-94所示。

图7-94　Stretch（拉伸）转场特效

3. Stretch In（伸展进入）

Stretch In（伸展进入）转场特效可以使素材B从画面中心处放大伸展进入，并结合了叠化效果，效果如图7-95所示。

图7-95　Stretch In（伸展进入）转场特效

4. Stretch Over（伸展覆盖）

Stretch Over（伸展覆盖）转场特效可以使素材从画面中心线处放大伸展进入，效果如图7-96所示。

图7-96　Stretch Over（伸展覆盖）转场特效

▶ 7.2.9　Wipe（擦除）视频转场特效组

Wipe（擦除）文件夹中共包括17种以扫像方式过渡的视频转场特效。

1. Band Wipe（带状擦除）

Band Wipe（带状擦除）转场特效可以使素材B从水平方向以条状介入并覆盖素材A，效果如图7-97所示。

图7-97　Band Wipe（带状擦除）转场特效

2. Barn Doors（仓门）

Barn Doors（仓门）转场特效可以使图像A以开、关门的方式过渡转换到图像B，效果如图7-98所示。

图7-98 Barn Doors（仓门）转场特效

3. Checker Wipe（棋格划变）

Checker Wipe（棋格划变）转场特效可以使图像B以方格形逐行出现覆盖图像A，效果如图7-99所示。

图7-99 Checker Wipe（棋格划变）转场特效

4. Check Board（棋盘）

Check Board（棋盘）转场特效可以使图像A以棋盘消失过渡到图像B，效果如图7-100所示。

图7-100 Check Board（棋盘）转场特效

5. Clock Wipe（时钟式划变）

Clock Wipe（时钟式划变）转场特效可以使图像A以时钟放置方式过渡到图像B，效果如图7-101所示。

图7-101 Clock Wipe（时钟式划变）转场特效

6. Gradient Wipe（渐变擦除）

Gradient Wipe（渐变擦除）转场特效可以用一张灰度图像制作渐变切换。在渐变切换中，图像B充满灰度图像的黑色区域，然后通过每一个灰度级开始显现进行切换，直到白色区域完全透明，效果如图7-102所示。

图7-102　Gradient Wipe（渐变擦除）转场特效

选择Gradient Wipe（渐变擦除）转场特效后，弹出Gradient Wipe Settings（渐变擦除设置）对话框，在其中设置参数，如图7-103所示。

各项参数设置说明如下。

- Select Image（选择素材）：从计算机中选择一个用做渐变的黑白图像。
- Softness（软化）：设置边缘软化的程度。

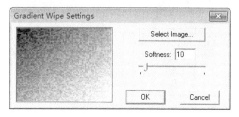

图7-103　参数设置

7. Inset（插入）

Inset（插入）转场特效可以使图像B从图像A的左上角斜插进入画面，效果如图7-104所示。

图7-104　Inset（插入）转场特效

8. Paint Splatter（涂料飞溅）

Paint Splatter（涂料飞溅）转场特效可以使图像B以墨点状覆盖图像A，效果如图7-105所示。

图7-105　Paint Splatter（涂料飞溅）转场特效

9. Pinwheel（风车）

Pinwheel（风车）转场特效可以使图像B以风轮状旋转覆盖图像A，效果如图7-106所示。

图7-106　Pinwheel（风车）转场特效

10. Radial Wipe（径向擦除）

Radial Wipe（径向擦除）转场特效可以使图像B从图像A的一角扫入画面，效果如图7-107所示。

图7-107　Radial Wipe（径向擦除）转场特效

11. Random Blocks（随机块）

Random Blocks（随机块）转场特效可以使图像B以方块随机出现覆盖图像A，效果如图7-108所示。

图7-108　Random Blocks（随机块）转场特效

12. Random Wipe（随机擦除）

Random Wipe（随机擦除）转场特效可以使图像B从图像A一边随机出现扫走图像A，效果如图7-109所示。

13. Spiral Boxes（螺旋盒）

Spiral Boxes（螺旋盒）转场特效可以使图像B以螺纹块状旋转出现，效果如图7-110所示。

图7-109　Random Wipe（随机擦除）转场特效

图7-110　Spiral Boxes（螺旋盒）转场特效

14. Venetian Blinds（百叶窗）

Venetian Blinds（百叶窗）转场特效可以使图像B在逐渐加粗的线条中逐渐显示，类似于百叶窗，效果如图7-111所示。

图7-111　Venetian Blinds（百叶窗）转场特效

15. Wedge Wipe（楔形擦除）

Wedge Wipe（楔形擦除）转场特效可以使图像B呈扇形打开扫入，效果如图7-112所示。

图7-112　Wedge Wipe（楔形擦除）转场特效

16. Wipe（擦除）

Wipe（擦除）转场特效可以使图像B逐渐扫过图像A，效果如图7-113所示。

图7-113　Wipe（擦除）转场特效

17. Zig-Zag Blocks（Z形划片）

Zig-Zag Blocks（Z形划片）转场特效可以使素材B沿Z字形交错扫过素材A，效果如图7-114所示。

图7-114　Zig-Zag Blocks（Z形划片）转场特效

7.2.10　Zoom（缩放）视频转场特效组

Zoom（缩放）文件夹下共包含4种以缩放方式过渡的视频转场特效。

1. Cross Zoom（交叉缩放）

Cross Zoom（交叉缩放）转场特效可以使素材A放大冲出，素材B缩小进入，效果如图7-115所示。

图7-115　Cross Zoom（交叉缩放）转场特效

2. Zoom（缩放）

Zoom（缩放）转场特效可以使图像B从图像A中放大出现，效果如图7-116所示。

3. Zoom Boxes（缩放盒）

Zoom Boxes（缩放盒）转场特效可以使素材B分为多个方块从素材A中放大出现，效果如图7-117所示。

图7-116　Zoom（缩放）转场特效

图7-117　Zoom Boxes（缩放盒）转场特效

4. Zoom Trails（缩放拖尾）

Zoom Trails（缩放拖尾）转场特效可以使素材A缩小并带有拖尾消失，效果如图7-118所示。

图7-118　Zoom Trails（缩放拖尾）转场特效

7.3　拓展练习——欢乐萌动

源 文 件：	源文件\场景\第7章\欢乐萌动.prproj
视频文件：	视频\第7章\欢乐萌动.avi

下面通过本例来具体分析了解一下Premiere Pro CS6中视频转场特效的实际技术应用。

本例将前面所介绍的转场效果进行设置，多个转场同时出现在一个画面里，效果如图7-119所示，具体操作步骤如下。

图7-119　实例效果

[01] 启动Premiere Pro CS6软件，单击New Project（新建项目）按钮，弹出New Project（新建项目）对话框，在Name（名称）处输入"欢乐萌动"，如图7-120所示。

[02] 弹出New Sequence（新建序列）窗口，直接单击OK按钮即可，如图7-121所示。

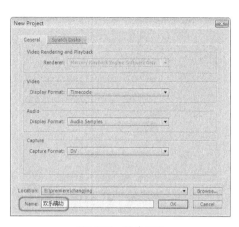

图7-120　新建项目

图7-121　单击OK按钮

[03] 在Project（项目）窗口中的空白处，双击鼠标左键，如图7-122所示。

[04] 弹出Import（导入）对话框，在弹出的对话框中选择随书附带光盘中的"源文件\素材\第7章\001.jpg"，单击"打开"按钮，如图7-123所示，将文件导入到项目窗口中。

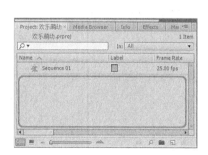

图7-122　双击空白处

图7-123　打开文件

[05] 在Project（项目）窗口中选择"001.jpg"，并将其拖至Sequence（序列）窗口中的Video 1（视频1）轨道中，如图7-124所示。

[06] 在Sequence（序列）窗口中选择"001.jpg"，单击鼠标右键，在弹出的快捷菜单中选择Speed/Duration（速度/持续时间）命令，如图7-125所示。

[07] 在弹出的Clip Speed/Duration（素材速度/持续时间）对话框中将Duration（持续时间）设置为00:00:03:05，单击OK按钮，如图7-126所示。

[08] 在Sequence（序列）窗口中选择"001.jpg"，切换至Effect Controls（特效控制）窗口，将Motion（运动）选项组下的Scale（比例）值设置为75.0，此时在Program（节目）监视窗口中可以看到"001.jpg"的显示效果，如图7-127所示。

图7-124　置入素材

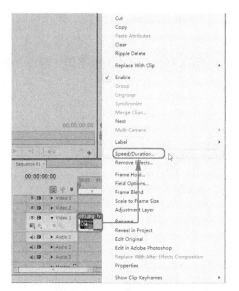

图7-125　选择Speed/Duration（速度/持续时间）命令

图7-126　设置Duration
（持续时间）

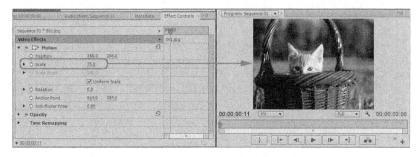

图7-127　设置"001.jpg"的缩放比例

09 "001.jpg"设置完成后，添加字幕。在Project（项目）窗口中的空白处单击鼠标右键，在弹出的快捷菜单中选择New Item（新建分项）| Title（字幕）选项，如图7-128所示。

10 弹出New Title（新建字幕）对话框，将Name（名称）设置为"欢乐萌动"，单击OK按钮，如图7-129所示。

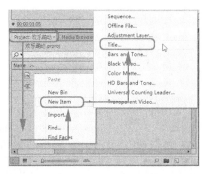

图7-128　新建字幕

图7-129　设置名称

11 在弹出的字幕编辑器中单击左侧的Type Tool（字体工具）按钮T，在Title（字幕）窗口中输入"欢乐萌动"，如图7-130所示。

⓬ 由于默认的字体并不支持中文，需要对字体做进一步的设置。选择输入的字体，在右侧的Title Properties（字幕属性）窗口中，在Properties（属性）选项组中将Font Family（字体）设置为STHupo；在Fill（填充）选项组中将Color（颜色）的RGB值设置为243、246、14，效果如图7-131所示。

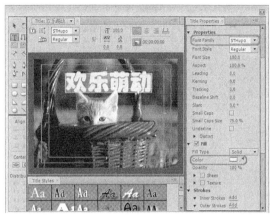

图7-130　输入文字　　　　　　　图7-131　设置字体

⓭ 继续对"欢乐萌动"进行设置，在Strokes（描边）选项组中单击Outer Strokes（外侧边）右侧的Add（添加），将Size（尺寸）的值设置为24.0，将Fill Type（填充类型）设置为4 Color Gradient（四色渐变），并设置四角的颜色，如图7-132所示。

⓮ 此时"欢乐萌动"已经设置完成，再单击字幕编辑器工具栏中的Selection Tool（选择工具）按钮 ，调整"欢乐萌动"的位置。单击字幕编辑器工具栏中的Type Tool（字体工具）按钮，在Title（字幕）窗口中输入"na,meng xiang ne ~"，在Title Properties（字幕属性）窗口中将Properties（属性）选项组中的Font Family（字体）设置为Hobo Std，将Font Size（字体大小）值设置为60.0；在Fill（填充）选项组中调整Color（颜色）的RGB值为83、242、109，如图7-133所示。

图7-132　添加外侧边　　　　　　图7-133　输入文字

⓯ 单击字幕编辑器工具栏中的Selection Tool（选择工具）按钮 ，调整该文字的位置，调整后的效果如图7-134所示。

16 关闭字幕编辑器，在Project（项目）窗口中将"欢乐萌动"拖至Sequence（序列）窗口Video 2（视频2）轨道中，如图7-135所示。

图7-134　调整文字的位置

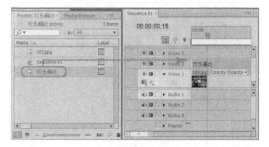

图7-135　将"欢乐萌动"拖至Sequence（序列）窗口

17 在Sequence（序列）窗口中选择"欢乐萌动"并单击鼠标右键，在弹出的快捷菜单中选择 Speed/Duration（速度/持续时间）命令，如图7-136所示。

18 在弹出的Clip Speed/Duration（素材速度/持续时间）对话框中，将Duration（持续时间）设置 为00:00:01:05，单击OK按钮，如图7-137所示。

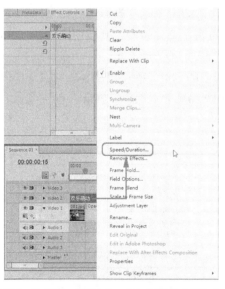

图7-136　选择Speed/Duration（速度/持续时间）命令

图7-137　设置Duration（持续时间）

19 激活Effects（特效）窗口，选择Video Transitions（视频转场特效）| Wipe（擦除）| Pinwheel（风车）效果，将其拖至Sequence（序列）窗口中Video 2（视频2）轨道的开头 处，如图7-138所示。

20 在Sequence（序列）窗口中选择Pinwheel（风车）转场特效的情况下，激活Effect Controls（特 效控制）窗口，将Duration（持续时间）设置为00:00:00:20，同时选中Show Actual Sources （显示实际来源）复选框，可以观察转场效果，如图7-139所示。

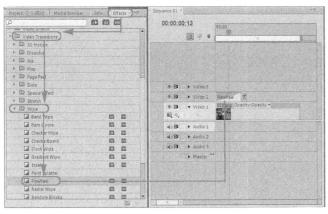

图7-138　在开头处添加切换效果

图7-139　设置转场的持续时间

㉑ 添加转场效果后，效果如图7-140所示。

㉒ 在Project（项目）窗口中双击鼠标，在弹出的Import（导入）对话框中，选择"欢乐萌动"文件夹，然后单击Import Folder（导入文件夹）按钮，如图7-141所示。

图7-140　转场效果

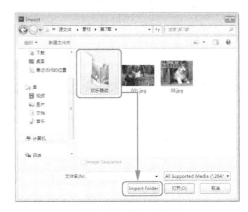

图7-141　导入文件夹

㉓ 在Project（项目）窗口中，将"欢乐萌动"文件夹展开，选择"002.jpg"并将其拖至Sequence（序列）窗口中Video 3（视频3）轨道的00:00:01:01处，如图7-142所示。

图7-142　拖入"002.jpg"文件

㉔ 在Sequence（序列）窗口右键单击"002.jpg"，在弹出的快捷菜中选择Speed/Duration（速度/持续时间）命令，如图7-143所示。

㉕ 在打开的Clip Speed/Duration（素材速度/持续时间）对话框中，将Duration（持续时间）设置为00:00:01:15，单击OK按钮，如图7-144所示。

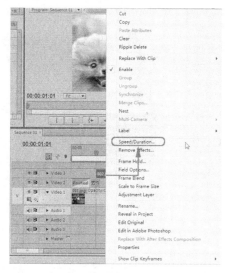

图7-143　选择Speed/Duration（速度/持续时间）命令　　图7-144　设置Duration（持续时间）参数

26 激活Effects（特效）窗口，选择Video Transitions（视频转场特效）| Dissolve（叠化）| Cross Dissolve（交叉叠化）转场效果，将其拖入Sequence（序列）窗口中"002.jpg"文件的开头处，如图7-145所示。

27 在Sequence（序列）窗口中选择Cross Dissolve（交叉叠化）转场效果，激活Effect Controls（特效控制）窗口，将该转场的Duration（持续时间）设置为00:00:01:00，如图7-146所示。

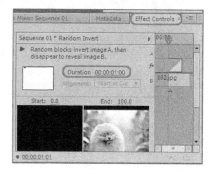

图7-145　在开头处添加转场效果　　　　　　　图7-146　设置Duration（持续时间）

28 在Sequence（序列）窗口中选择"002.jpg"，激活Effect Controls（特效控制）窗口，在Motion（运动）选项组中，将Scale（比例）设置为25.0；调整时间线指针的位置，在Program（节目）监视窗口中双击"002.jpg"文件，然后将其移动到左上角，如图7-147所示。

图7-147　设置"002.jpg"的位置及比例

㉙ 使用同样的方法，将"003.jpg"拖至Sequence（序列）窗口的空白轨道中，生成Video 4（视频4）轨道，在其00:00:01:01处，将Speed/Duration（速度/持续时间）设置为00:00:01:15。激活Effects（特效）窗口，选择Video Transitions（视频转场特效）| Slide（滑动）| Multi-Spin（多重旋转）转场特效，将其拖至Sequence（序列）窗口中"003.jpg"的开头处，如图7-148所示。

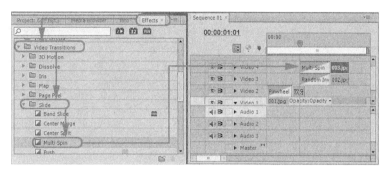

图7-148 添加转场效果

㉚ 激活Effect Controls（特效控制）窗口，将Multi-Spin（多重旋转）转场特效的Duration（持续时间）设置为00:00:01:00，如图7-149所示。

㉛ 选择Sequence（序列）窗口中的"003.jpg"文件，激活Effect Controls（特效控制）窗口，在Motion（运动）选项组中，将Scale（比例）设置为25.0；调整时间线指针的位置，在Program（节目）监视窗口中双击"003.jpg"文件，然后将其移动到右下角，如图7-150所示。

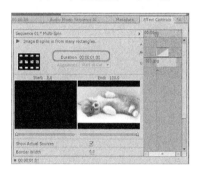

图7-149 设置转场的持续时间　　　　　　　图7-150 设置"003.jpg"的位置及比例

㉜ 使用同样的方法，将"004.jpg"拖入至Sequence（序列）窗口Video 5（视频5）轨道中的00:00:01:01处。在Effect Controls（特效控制）窗口中，将Scale（比例）值设置为25.0，如图7-151所示。

图7-151 设置"004.jpg"的比例

33 将"004.jpg"的Speed/Duration（速度/持续时间）设置为00:00:01:15；在Effects（特效）窗口中，选择Video Transitions（视频转场特效）| Iris（划像）| Iris Star（星形划像）转场特效，将其拖入Sequence（序列）窗口中"004.jpg"文件的开头处，如图7-152所示。

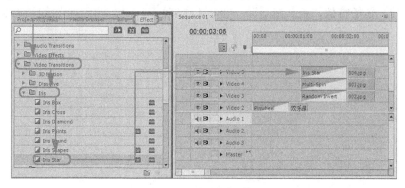

图7-152　添加转场效果

34 在Effect Controls（特效控制）窗口中将转场特效的Duration（持续时间）设置为00:00:01:00，其效果如图7-153所示。

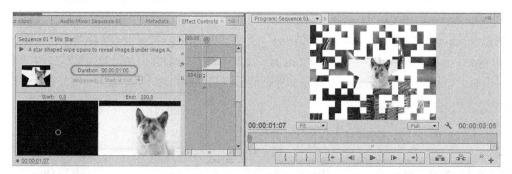

图7-153　设置Duration（持续时间）参数

35 使用同样的方法分别将"005.jpg"、"006.jpg"、"007.jpg"拖至Sequence（序列）窗口中的Video 5（视频5）、Video 4（视频4）、Video 3（视频3）轨道中，将它们的Speed/Duration（速度/持续时间）都设置为00:00:01:15，分别将"005.jpg"、"006.jpg"、"007.jpg"的Scale（比例）设置为25.0，并调整它们的位置，效果如图7-154所示。

图7-154　设置"005.jpg"、"006.jpg"、"007.jpg"的比例及位置

36 分别为"005.jpg"、"006.jpg"、"007.jpg"添加Zoom Trails（缩放拖尾）、Wipe（擦除）、Iris Cross（十字划像）转场特效，将这三个转场特效的Duration（持续时间）均设置为00:00:01:00，如图7-155所示。

图7-155　添加转场效果

37 添加转场后，效果如图7-156所示。

38 在Project（项目）窗口中，双击Name（名称）下的空白处，弹出Import（导入）对话框，在弹出的对话框中选择随书附带光盘中的"源文件\素材\第7章\08.jpg"，单击"打开"按钮，如图7-157所示，将文件导入到Project（项目）窗口中。

图7-156　转场效果

图7-157　打开文件

39 在Project（项目）窗口中选择"08.jpg"，并将其拖至Sequence（序列）窗口中的Video 1（视频1）轨道中，将"08.jpg"的Duration（持续时间）设置为00:00:03:05，如图7-158所示。

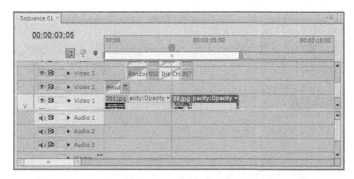

图7-158　将"08.jpg"拖至Sequence（序列）窗口

40 在Sequence（序列）窗口中选择"08.jpg"，激活Effect Controls（特效控制）窗口，将Motion（运动）选项组中的Scale（比例）值设置为77.0，此时在Program（节目）监视窗口中可以看到"08.jpg"显示的比例，如图7-159所示。

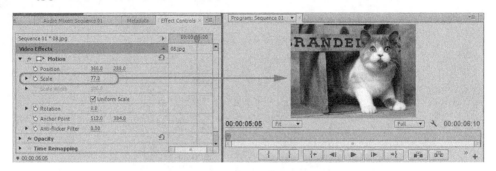

图7-159　设置"08.jpg"的缩放比例

41 在Sequence（序列）窗口中，"08.jpg"的开头处、结尾处分别添加Zoom（缩放）、Roll Away（卷走）转场效果。将Zoom（缩放）、Roll Away（卷走）转场效果的Duration（持续时间）分别设置为00:00:01:15、00:00:01:00，如图7-160所示。

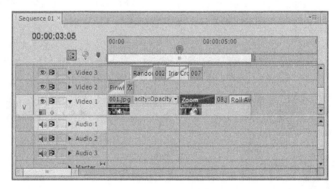

图7-160　添加转场效果

42 设置完成后，在菜单栏中选择File（文件）| Save（保存）命令，将场景进行保存，然后单击Program（节目）监视窗口中的按钮 ▶ 进行欣赏。

7.4 本章小结

本章介绍了视频转场特效在视频剪辑、图像衔接中所起的作用，它可以使画面看起来丰富多彩，其中包含了各种转场特效的效果及添加方法。

- 在Effects（特效）窗口中，展开Video Transitions（视频转场特效）文件夹，在该文件夹中包含各种特效组，选择特效后将其拖至Sequence（序列）窗口中素材的开始、结尾或者素材的结合处。

7.5 课后习题

1. 选择题

（1）在Alignment（对齐）下拉列表中提供的转场特效对齐方式中，下列选项错误的是（　　）。

A. Center at Cut   B. Start at Cut

C. End at Cut   D. Cube Spin

（2）在Dissolve（叠化）文件夹中共包括有7种溶解效果的视频转场特效，下列选项错误的是（   ）。

A. Channel Map   B. Additive Dissolve

C. Cross Dissolve   D. Dip to Black

2. 填空题

（1）_____是组成电影以及其他影视节目的基本单位。一部电影或者一个电视节目是由很多镜头组成的，镜头之间组接时的显示变化被称为_____或_____。每个素材段落都是单一的、相对完整的，一个个段落连接在一起，形成完整的作品。

（2）_____在影视制作中比较常用，镜头切换效果可以使两段不同的视频之间产生各式各样的过渡效果。

3. 判断题

（1）Stretch（拉伸）转场特效类似Cross Stretch（交接伸展）转场特效，它可以使前一个素材逐渐变白，然后使后一个素材由白逐渐显示。（   ）

（2）Random Invert（随机反相）转场特效在默认设置时，开始位置的素材先以随机形式逐渐显示，然后结束位置的素材以随机形式反转色彩。（   ）

4. 上机操作题

使用本章的内容并搜集图片，使用转场特效制作更加丰富的影片效果，如图7-161所示。

图7-161　影片效果

第 **8** 章
字幕的创建、应用与设计

在各种影视节目中，字幕是不可缺少的。字幕起到解释画面、补充内容等作用。作为专业处理影视节目的Premiere Pro CS6来说，也必然包括字幕的制作和处理。这里所讲的字幕，包括文字、图形等内容。字幕本身是静止的，但是利用Premiere Pro CS6可以制作出各种各样的动画效果。

学习要点

- 简单介绍Premiere Pro CS6中的字幕窗口工具
- 了解字幕样式
- 创建字幕素材
- 了解运动设置与动画实现

8.1 Premiere Pro CS6字幕编辑器工具简介

对于Premiere Pro CS6来说，字幕是一个独立的文件，如同Project (项目)窗口中的其他片段一样，只有把字幕文件加入到Sequence（序列）窗口的视频轨道中，才能真正地被称为影视节目的一部分。

字幕的制作主要在字幕编辑器中进行。用户可以在菜单栏中选择File（文件）| New（新建）| Title（字幕）命令，如图8-1所示，弹出New Title（新建字幕）对话框，如图8-2所示，在该对话框中输入字幕的名称，输入完成后，单击OK按钮，可以打开字幕编辑器，如图8-3所示。

图8-1 Title（字幕）命令

图8-2 New Title（新建字幕）对话框

字幕编辑器

Title（字幕）窗口

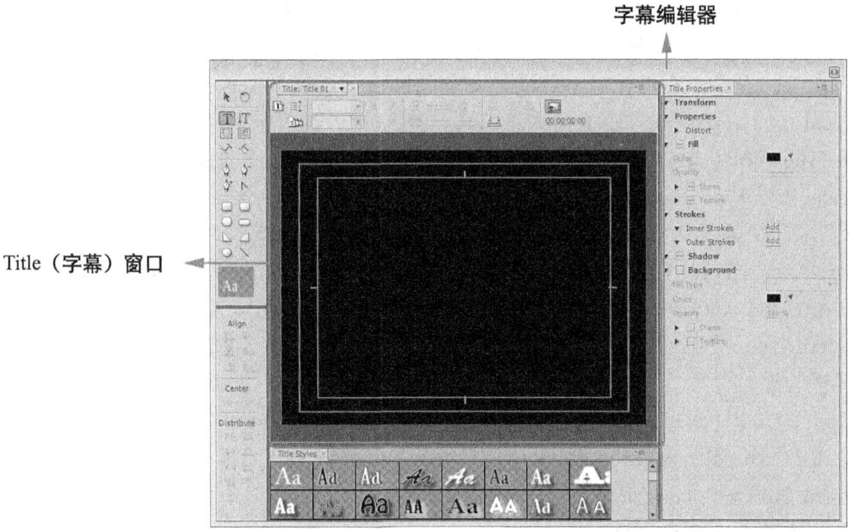

图8-3 字幕编辑器

💡 提 示

除了上述方法之外，用户还可以在Project（项目）窗口中名称区域下的空白处单击鼠标右键，在弹出的快捷菜单中选择New Item（新建分项）| Title（字幕）命令，如图8-4所示。

创意大学
Premiere Pro CS6标准教材

字幕编辑器左侧工具栏中包括生成、编辑文字与对象的工具。要使用工具做单次操作，在工具栏中单击该工具，然后在字幕显示区域拖出文本框就可以加入文字了，工具栏如图8-5所示（要使用一个工具做多次操作，在工具栏中双击该工具）。

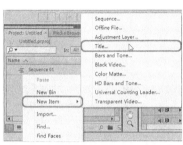
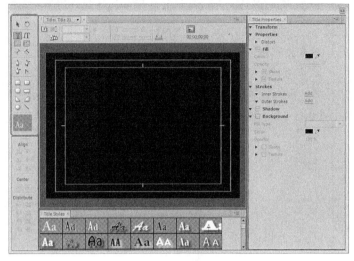

图8-4　选择Title（字幕）命令　　　　　　图8-5　字幕编辑器工具栏

- Selection Tool（选择工具）按钮：该工具可用于选择一个对象或文字块。按住Shift键使用选择工具可选择多个对象，直接拖动对象手柄改变对象区域和大小。对于Bezier（贝塞尔）曲线对象来说，还可以使用该工具编辑节点。
- Rotation Tool（旋转工具）：该工具可用于旋转对象。
- Type Tool（文字工具）：该工具可用于建立并编辑文字。
- Vertical Type Tool（垂直文字工具）：该工具可用于建立竖排文本。
- Area Type Tool（文本框工具）：该工具可以用于建立段落文本。该工具与普通文字工具的不同在于，它建立文本时首先要限定一个范围框，调整文本属性，范围框不会受到影响。
- Vertical Area Type Tool（垂直文本框工具）：该工具用于建立竖排段落文本。
- Path Type Tool（路径输入工具）：使用该工具可以建立一段沿路径排列的文本。
- Vertical Path Type Tool（垂直路径输入工具）：该工具主要用于创建垂直于路径的文本。
- Pen Tool（钢笔工具）：使用该工具可以创建复杂的曲线。
- Delete Anchor Point Tool（删除定位点工具）：使用该工具可以在线段上减少控制点。
- Add Anchor Point Tool（添加定位点工具）：使用该工具可以在线段上增加控制点。
- Convert Anchor Point Tool（转换定位点工具）：该工具可以产生一个尖角，或用来调整曲线的圆滑程度。
- Rectangle Tool（矩形工具）：用户可以使用该工具来绘制矩形。
- Rounded Corner Rectangle Tool（圆角矩形工具）：使用该工具可以绘制一个带有圆角的矩形。
- Clipped Corner Rectangle Tool（切角矩形工具）：使用该工具可以绘制一个矩形，并且对该矩形的边界进行剪裁控制。
- Rounded Rectangle Tool（圆矩形工具）：使用该工具可以绘制一个偏圆的矩形。
- Wedge Tool（楔形工具）：使用该工具可以绘制一个楔形。
- Arc Tool（圆弧工具）：使用该工具可绘制一个圆弧。
- Ellipse Tool（椭圆工具）：该工具可用来绘制椭圆。在拖动鼠标绘制图形的同时，按住Shift键可绘制出一个正圆。

- Line Tool（直线工具）⬥：使用该工具可以绘制一条直线。

8.2 创建字幕素材

在Premiere Pro CS6中，用户可以通过字幕编辑器创建丰富的文字和图形字幕。字幕编辑器能识别每一个作为对象所创建的文字和图形，可以对这些对象应用各种各样的风格，从而提高字幕的观赏性。

8.2.1 创建普通文字对象

在Premiere Pro CS6中提供了多种创建文字的工具，例如Type Tool（文字工具）⬥、Vertical Type Tool（垂直文字工具）⬥、Area Type Tool（文本框工具）⬥、Vertical Area Type Tool（垂直文本框工具）⬥、Path Type Tool（路径输入工具）⬥等，用户可以使用这些工具创建出水平或垂直排列的文字或沿路径行走的文字，以及水平或垂直范围的文字（段落文字）等。本节将对几种常用文字工具进行简单的介绍。

1. Type Tool（文字工具）

下面将介绍如何使用Type Tool（文字工具）创建文字，其具体操作步骤如下。

01 在字幕编辑器中单击Type Tool（文字工具）⬥，在Title（字幕）窗口中单击鼠标，即可弹出一个文本框，如图8-6所示。

02 在该文本框中输入文字，选中输入的文字，在Title Properties（字幕属性）窗口中将Properties（属性）下的Font Family（字体）设置为David，将Font Size（字体大小）设置为61.0，如图8-7所示。

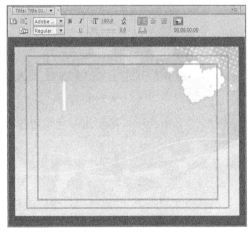
图8-6 弹出文本框

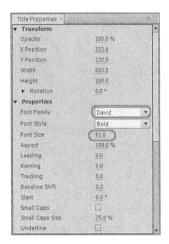
图8-7 设置文字属性

在Properties（属性）选项组中提供了各种不同的设置参数，其中各个参数的功能如下。

- Font Family（字体）：在该下拉列表中显示系统中所有安装的字体，可以在其中选择需要的字体进行使用。
- Font Style（字体样式）：主要设置文本的样式，其中包括粗体、加粗倾斜、倾斜等。
- Font Size（字体大小）：设置字体的大小。

- Aspect（纵横比）：设置字体的长宽比。
- Leading（行距）：设置行与行之间的行间距。
- Kerning（字距）：设置光标位置处前后字符之间的距离，可在光标位置处形成两段有一定距离的字符。
- Tracking（跟踪）：设置所有字符或者所选字符的间距，调整的是单个字符间的距离。
- Baseline Shift（基线位移）：设置字符所有字符基线的位置。通过改变该选项的值，可以方便地设置上标和下标。
- Slant（倾斜）：设置字符的倾斜角度。
- Small Caps（小型大写字母）：选中该复选框后，可以输入大写字母，或者将已有的小写字母改为大写字母。
- Small Caps Size（小型大写字母尺寸）：将小写字母改为大写字母后，可以利用该选项来调整大小。
- Underline（下划线）：选中该复选框后，可以在文本下方添加下划线。
- Distort（扭曲）：在该参数栏中可以对文本进行扭曲设定。调节Distort（扭曲）参数栏下的X轴向和Y轴向的扭曲度，可以产生变化多样的文本形状。

[03] 在Fill（填充）选项组中单击Color（颜色）右侧的色块，在弹出的对话框中将RGB值设置为255、255、255，如图8-8所示。

[04] 设置完成后，单击OK按钮，即可对选中的对象进行设置，设置后的效果如图8-9所示。

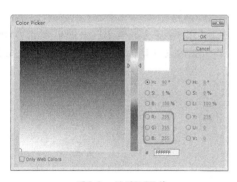

图8-8 设置RGB值

图8-9 设置后的效果

在Fill（填充）选项组中，可以指定文本或者图形的填充状态，即使用颜色或者纹理来填充对象，其中各个参数的功能如下。

- Fill Type（填充类型）：设置文本、图形的填充类型，在该选项右侧下拉列表中包括实色、线性渐变、放射渐变、四色渐变、斜角边、消除、残像等七种填充类型。
- Color（颜色）：单击其中右侧的色块，可以打开Color Picker（颜色拾取）对话框来设置RGB的值，也可以单击按钮对颜色进行吸取。
- Opacity（透明度）：设置填充颜色的透明度。
- Sheen（光泽）：该复选框主要用于设置文本、图形对象的光泽，其中包括色彩、透明度、大小、角度和偏移设置。
- Texture（纹理）：该复选框主要用于给文本、图形设置纹理效果。

2. Vertical Type Tool（垂直文字工具）

下面将介绍如何使用Vertical Type Tool（垂直文字工具）创建文字，其具体操作步骤如下。

⓵ 在字幕编辑器中单击Vertical Type Tool（垂直文字工具）███，在Title（字幕）窗口中单击鼠标，即可弹出一个横向的文本框，如图8-10所示。

⓶ 在该文本框中输入文字，选中输入的文字，在Title Properties（字幕属性）窗口中将Properties（属性）选项组中的Font Family（字体）设置为DFKai-SB，在Fill（填充）选项组中将Color（颜色）的RGB值设置为0、55、146，如图8-11所示。

⓷ 继续选中该文字，在Transform（变换）选项组中将Opacity（透明度）设置为50.0%，将Rotation（旋转）设置为336.0°，如图8-12所示。

⓸ 设置完成后，用户可以在Title（字幕）窗口中查看效果，其效果如图8-13所示。

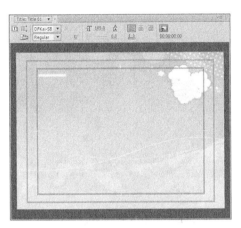

图8-10　弹出横向文本框

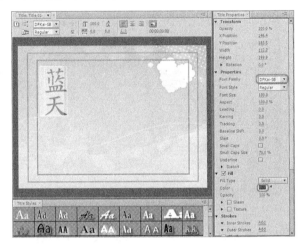

图8-11　设置文字属性

Transform（变换）选项组主要用于调整文字和图形对象的变换属性，其中各个参数的功能如下。

- Opacity（透明度）：对文本进行透明度的调整。
- X Position（X位置）、Y Position（Y位置）：这两个选项主要用于调整文本在Title（字幕）窗口中的坐标位置。
- Width（宽度）、Height（高度）：调整文本的宽度、高度，这两项设置主要针对图形对象。
- Rotation（旋转）：设置文本的旋转角度。

图8-12　调整参数

图8-13　设置后的效果

3. Path Type Tool（路径输入工具）

在Premiere Pro CS6中，用户可以根据需要在字幕编辑器中使用Path Type Tool（路径输入工具）创建路径文字。本节将介绍如何制作路径文字，其具体操作步骤如下。

01 在字幕编辑器中单击Path Type Tool（路径输入工具），在Title（字幕）窗口中绘制如图8-14所示的路径。

02 使用Path Type Tool（路径输入工具），将鼠标移至路径上，单击鼠标，输入相应的文字，如图8-15所示。

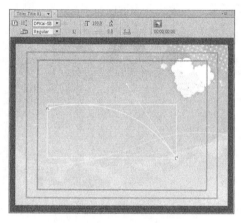
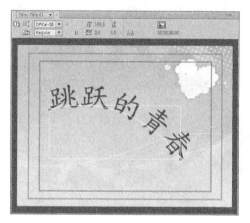

图8-14　绘制路径　　　　　　　　　　　　　　图8-15　输入文字

03 选中输入的文字，在Title Properties（字幕属性）窗口中选中Shadow（阴影）复选框，将Color（颜色）的RGB值设置为255、255、255，将Spread（扩散）设置为0.0，如图8-16所示。

04 执行上面的操作后，即可对选中的文字进行设置，设置后的效果如图8-17所示。

图8-16　设置Shadow（阴影）参数　　　　　　　图8-17　设置文字后的效果

在Premiere Pro CS6的字幕编辑器中，选中Shadow（阴影）复选框后可以为选中的文字添加阴影效果，该选项组中的各个参数功能如下。

- Color（颜色）：设置文本、图形阴影的颜色。
- Opacity（透明度）：设置阴影的透明度。
- Angle（角度）：设置阴影的角度方向。
- Distance（距离）：设置阴影与文本、图形的距离。

- Size（尺寸）：设置阴影的大小。
- Spread（扩散）：可以设置阴影的扩散度，该值越大，阴影越虚。

8.2.2　Tab Stops（制表符）

在Premiere Pro CS6中，Tab Stops（制表符）也是一种对齐方式，类似于在Word软件中无线表格的制作方法。

使用Selection Tool（选择工具）🔲，选中文字对象。选择Title（字幕）| Tab Stops（制表符）命令，打开Tab Stops（制表符）对话框，在该对话框左上方有三个按钮，分别表示左对齐、居中对齐、右对齐，如图8-18所示。

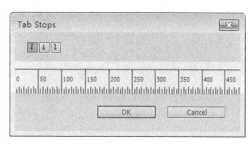

图8-18　Tab Stops（制表符）对话框

实例：添加Tab Stops（制表符）

源 文 件:	源文件\场景\第8章\添加"Tab Stops".prproj
视频文件:	视频\第8章\添加"Tab Stops".avi

下面将介绍如何添加Tab Stops（制表符），其具体操作步骤如下。

01 启动Premiere Pro CS6，新建一个空白文档，在Project（项目）窗口中的空白处双击鼠标，在弹出的对话框中选择随书附带光盘中的"源文件\素材\第8章\040.jpg"，如图8-19所示。

02 选择完成后，单击"打开"按钮，即可将该素材文件导入到Project（项目）窗口中，如图8-20所示。

图8-19　选择素材文件

图8-20　导入素材文件

03 在Project（项目）窗口中选中导入的素材文件，按住鼠标将其拖曳至Video 1（视频1）轨道中，在Effect Controls（特效控制）窗口中将Motion（运动）选项组中的Scale（比例）设置为74.0，如图8-21所示。

04 在Project（项目）窗口中名称区域下的空白处单击鼠标右键，在弹出的快捷菜单中选择New Item（新建分项）| Title（字幕）命令，如图8-22所示。

05 在弹出的对话框中使用其默认设置，如图8-23所示。

06 单击OK按钮，在弹出的字幕编辑器中单击Area Type Tool（文本框工具）🔲，在Title（字

幕）窗口中按住鼠标进行拖曳，在弹出的文本框中输入文字，如图8-24所示。

图8-21　设置Scale（比例）

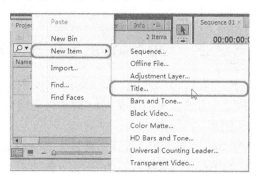

图8-22　选择Title（字幕）命令

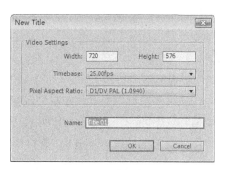

图8-23　New Title（新建字幕）对话框

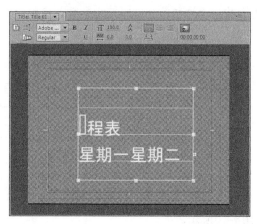

图8-24　输入文字

07 单击按钮[图]显示背景，选中输入的文字，在Title Properties（字幕属性）窗口中，设置
Properties（属性）选项组中的Font Family（字体）为DFKai-SB，Font Size（字体大小）为
24.0，Leading（行距）为17.0，设置Color（颜色）为黑色，设置后的效果如图8-25所示。

08 选中"课程表"，在Properties（属性）选项组中将Font Size（字体大小）设置为29.0，在
Fill（填充）选项组中将Color（颜色）设置为白色，在Strokes（描边）选项组中单击Outer
Strokes（外侧边）右侧的Add（添加），然后将Size（尺寸）设置为50.0，如图8-26所示。

图8-25　设置文字属性

图8-26　调整文字参数

在Strokes（描边）选项组中，用户可以根据需要添加内侧边和外侧边，对文本、图形的轮廓进行设置，其中各个参数的功能如下。

- Type（类型）：可以设置内、外侧边的类型，包括边缘、凸出和凹进三个选项。
- Size（大小）：可以设置内、外侧边的大小。
- Fill Type（填充类型）：和Fill（填充）选项组中的Fill Type（填充类型）类似，都包含七种类型的设置。
- Color（颜色）：设置内、外侧边的颜色。
- Opacity（透明度）：设置内、外侧边的透明度。

09 设置完成后，在字幕编辑器的左侧单击Selection Tool（选择工具） ，选中该文本框，然后在Title（字幕）窗口中单击Tab Stops（制表符）按钮 ，在弹出的对话框中分别在第100、200、300、400处添加制表符，如图8-27所示。

10 设置完成后，单击OK按钮，将光标置入到"星期一"的后面，按Tab键对其进行调整，效果如图8-28所示。

11 使用同样的方法调整其他文字，调整后的效果如图8-29所示。

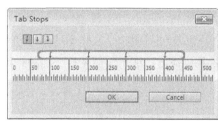

图8-27　Tab Stops（制表符）对话框

图8-28　调整文字的位置

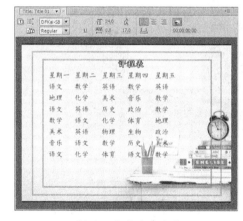

图8-29　调整后的效果

8.2.3　建立图形对象

在字幕编辑器的工具栏中，除了文本创建工具外还包括各种图形创建工具，能够建立直线、矩形、圆形、多边形等。各种线和形状对象一开始都使用默认的线条、颜色和阴影属性，也可以随时更改这些属性。有了这些工具，在影视节目的编辑过程中就可以方便地绘制一些简单的图形。本节将简单介绍一些图形工具的使用方法。

1. 使用图形工具绘制图形

01 在工具栏中选择任何一种图形工具。

02 将光标移动到Title（字幕）窗口中，按下鼠标从左上角移动到右下角，再释放鼠标，即可绘制出相应的图形。

2. 改变图形的形状

在字幕编辑器中绘制的形状图形之间可以相互转换。

改变图形形状的操作步骤如下。

01 在Title（字幕）窗口中绘制任意一个图形。

02 在Title Properties（字幕属性）窗口中的Properties（属性）选项组中单击Graphic Type（图形类型）右侧的按钮▼，在弹出的下拉列表中选择Wedge（楔形），如图8-30所示。

03 选择完成后，即可完成图形之间的转换，转换后的效果如图8-31所示。

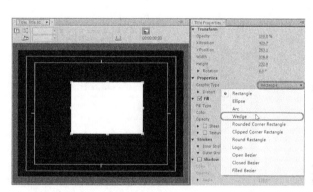

图8-30　选择Wedge（楔形）

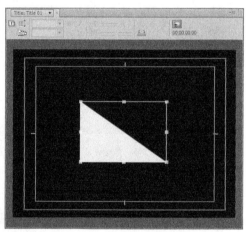

图8-31　转换效果

3. Pen Tool（钢笔工具）

Pen Tool（钢笔工具）是Premiere Pro CS6中最为有效的图形创建工具，可以用它建立任何形状的图形。Pen Tool（钢笔工具）通过建立Bezier（贝塞尔）曲线创建图形，通过调整曲线路径的控制点修改路径的形状。使用Pen Tool（钢笔工具）可以产生封闭或开放的路径。使用Pen Tool（钢笔工具）创建图形的操作步骤如下。

01 在字幕编辑器中单击Pen Tool（钢笔工具），在Title（字幕）窗口中单击鼠标，创建第一个控制点，如图8-32所示。

02 将鼠标移至其他位置，单击鼠标并按住鼠标进行拖动，创建一条曲线，效果如图8-33所示。

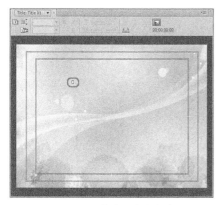
图8-32　创建第一个控制点

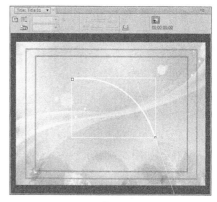
图8-33　创建曲线后的效果

4. 改变对象的排列顺序

在默认情况下，字幕编辑器中的多个对象是按创建的顺序分层放置的，新创建的对象总是处于上方，挡住下面的对象。为了方便编辑，也可以改变对象在窗口中的排列顺序。

改变对象排列顺序的操作步骤如下。

[01] 在Title（字幕）窗口中选择要改变排列顺序的对象，如图8-34所示。

[02] 单击鼠标右键，在弹出的菜单中选择Arrange（排列）| Send Backward（下移一层）命令，如图8-35所示。

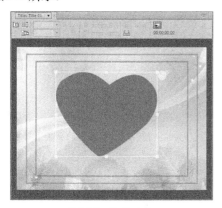
图8-34　选择对象

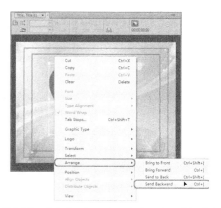
图8-35　选择Send Backward（下移一层）命令

[03] 执行该操作后，即可将选中的对象下移一层，效果如图8-36所示。

- Bring to Front（放到最上层）：顺序置顶。该命令将选择的对象置于所有对象的最顶层。
- Bring Forward（上移一层）：顺序提前。该命令改变当前对象在字幕中的排列顺序，使它的排列顺序提前。
- Send to Back（放到最底层）：顺序置底。该命令将选择的对象置于所有对象的最底层。
- Send Backward（下移一层）：顺序置后。该命令改变当前对象在字幕中的排列顺序。使它的排列顺序下移一层。

图8-36　调整顺序后的效果

Premiere Pro CS6标准教材

8.2.4　插入Logo

在制作节目的过程中，经常需要在影片中插
入Logo，Premiere Pro CS6也提供了这一功能。
插入标志Logo的操作步骤如下。

01 在Title（字幕）窗口中右键单击，在弹出的
菜单中选择Logo（标志）| Insert Logo（插入
标志）命令，如图8-37所示。

02 在弹出的Import Image as Logo（导入图像为
标志）对话框中选择要导入的Logo对象，如
图8-38所示。

03 选择完成后，单击"打开"按钮，在Title
（字幕）窗口中调整其大小，调整后的效果
如图8-39所示。

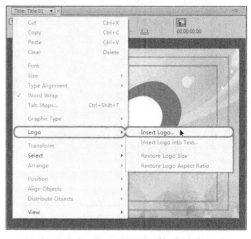

图8-37　选择Insert Logo（插入标志）命令

图8-38　选择素材文件

图8-39　插入后的效果

🔍 提　示

Premiere Pro CS6支持以下格式的Logo文件：AI File、Bitmap、EPS File、PCX、Targa、TIFF、
PSD及Windows Metafile。

实例：创建圆角矩形

源 文 件：	源文件\场景\第8章\创建圆角矩形.prproj
视频文件：	视频\第8章\创建圆角矩形.avi

下面将介绍如何创建圆角矩形，其具体操作步骤如下。

01 启动Premiere Pro CS6，新建一个空白文档，在Project（项目）窗口中的空白处双击鼠标，在
弹出的对话框中选择随书附带光盘中的"源文件\素材\第8章\ 115.jpg"，如图8-40所示。

02 选择完成后，单击"打开"按钮，即可将该素材文件导入到Project（项目）窗口中，如图8-41
所示。

03 在Project（项目）窗口中选中导入的素材文件，按住鼠标将其拖曳至Video 1（视频1）轨道
中，如图8-42所示。

04 在Project（项目）窗口中名称区域下的空白处单击鼠标右键，在弹出的快捷菜单中选择New Item（新建分项）| Title（字幕）命令，如图8-43所示。

图8-40 选择素材文件   图8-41 导入素材文件

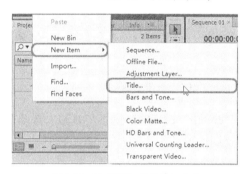

图8-42 将素材拖曳至Video 1（视频1）轨道中   图8-43 选择Title（字幕）命令

05 在弹出的对话框中使用其默认设置，单击OK按钮，在弹出的字幕编辑器中单击Rounded Corner Rectangle Tool（圆角矩形工具）□，在Title（字幕）窗口中绘制一个圆角矩形，如图8-44所示。

06 选中绘制的圆角矩形，在Title Properties（字幕属性）窗口中将Transform（变换）选项组中的X Position（X位置）、Y Position（Y位置）分别设置为336.0、286.0，将Width（宽度）、Height（高度）分别设置为154.0、157.0，如图8-45所示。

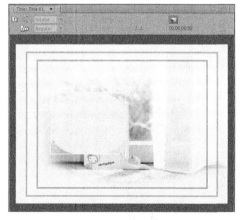

图8-44 绘制圆角矩形   图8-45 设置参数

07 在Properties（属性）选项组中将Fillet Size（圆角大小）设置为10.0%，在Fill（填充）选项组中将Color（颜色）的RGB值设置为221、183、112，如图8-46所示。

08 执行该操作后，即可完成对选中对象的设置，其效果如图8-47所示。

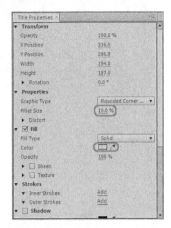

图8-46　设置圆角大小及填充颜色　　　　　图8-47　设置后的效果

8.3　字幕样式

在Premiere Pro CS6中提供了多种丰富多彩的字幕样式，通过为字幕添加各种风格的样式效果，从而制作出更多字幕样式。本节将对其进行简单的介绍。

8.3.1　应用字幕样式

如果要为一个对象应用预设的样式，只需要选择该对象，然后在Title Styles（字幕样式）窗口中单击相应的样式效果，即可为选中的对象应用该样式，如图8-48所示。

在所需的样式上右击鼠标，此时将会弹出一个快捷菜单，如图8-49所示，其中各个命令的功能如下。

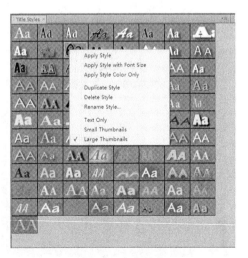

图8-48　应用样式后的效果　　　　　　　图8-49　字幕样式

- Apply Style（应用样式）：使用当前所显示的样式
- Apply Style with Font Size（应用样式和字体大小）：在使用样式时同时也使用该样式的字号。
- Apply Style Color Only（仅应用样式颜色）：在使用样式时只应用样式当前的颜色。
- Duplicate Style（复制样式）：复制选定的样式。
- Delete Style（删除样式）：删除选定的样式。
- Rename Style（重命名样式）：给选定的样式另设一个名称。
- Text Only（仅显示文字）：在Title Styles（字幕样式）窗口中仅显示名称。
- Small Thumbnails（小缩略图）：以小图标的形式显示样式。
- Large Thumbnails（大缩略图）：以大图标的形式显示样式。

▶ 8.3.2 创建样式效果

在Premiere Pro CS6中，用户可以根据需要创建所需的样式效果，本节将介绍如何创建样式，其具体操作步骤如下。

01 在Title（字幕）窗口中选择要创建样式的对象。

02 在Title Styles（字幕样式）窗口中单击 按钮，在弹出的下拉菜单中选择New Style（新建样式）命令，如图8-50所示。

03 执行该操作后，将会弹出New Style（新建样式）对话框，使用其默认设置，如图8-51所示。

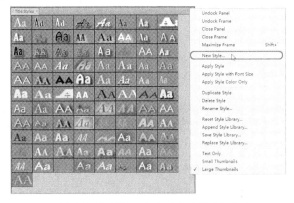

图8-50 选择New Style（新建样式）命令

图8-51 New Style（新建样式）对话框

04 单击OK按钮，即可创建该样式，效果如图8-52所示。

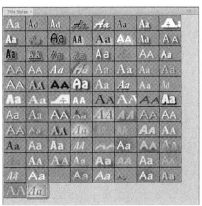

图8-52 新建样式后的效果

8.4 运动设置与动画实现

在Premiere Pro CS6中，用户可以通过调整文字的位置、缩放比例、缩放宽度和旋转角度等为文字设置动画。本节将简单介绍运动设置与动画的实现。

8.4.1 运动设置窗口简介

将素材拖入轨道后。单击Effect Controls（特效控制）窗口，可以看到Premiere Pro CS6的运动设置窗口，如图8-53所示。

- Position（位置）：可以设置对象在屏幕中的位置坐标。
- Scale（比例）：可调节对象的缩放度。
- Scale Width（缩放宽度）：在不选择等比缩放的情况下，可以设置对象的宽度。
- Rotation（旋转）：可以设置对象在屏幕中的旋转角度。
- Anchor Point（定位点）：可以设置对象的旋转或移动控制点。

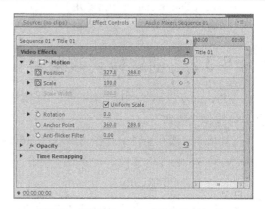

图8-53　Effect Controls（特效控制）窗口

- Anti-flicker Filter（抗闪烁过滤）：消除视频中闪烁的现象。

8.4.2 设置动画的基本原理

Premiere Pro CS6基于关键帧的概念对目标的运动、缩放、旋转以及特效等属性进行动画设定。所谓关键帧的概念，即在不同的时间点对对象属性进行变化，而时间点间的变化则由计算机来完成。例如：设置两处关键帧，在第一处将对象的Position（位置）分别设置为81.0、288.0，如图8-54所示；在第二处将对象的Position（位置）分别设置为348.0、288.0，如图8-55所示。计算机通过给定的关键帧，可以计算出对象在两处之间旋转的变化过程。在一般情况下，为对象指定的关键帧越多，所产生的运动变化越复杂。但是关键帧越多，计算机的计算时间也就越长。

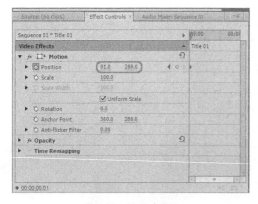

图8-54　设置关键帧

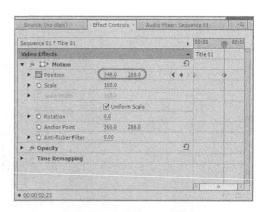

图8-55　设置第二处关键帧

8.5 拓展练习——字幕的制作

文字动画在影视片头的制作中是最为常用的制作技术，在该技术中分为静态字幕以及动态字幕两类。下面将通过几个简单例子的制作来对本章重点内容进行实际的操作和学习。

8.5.1 静态字幕的制作——添加字幕

源 文 件:	源文件\场景\第8章\添加字幕.prproj
视频文件:	视频\第8章\添加字幕.avi

本例介绍如何在图像中添加字幕，具体的操作可以参考随书附带光盘的视频教程，效果如图8-56所示。

图8-56　添加字幕效果图

⓪1 运行Premiere Pro CS6，在欢迎界面中单击New Project（新建项目）按钮，在New Project（新建项目）对话框中，选择项目的保存路径，对项目名称进行命名，单击OK按钮，如图8-57所示。

⓪2 进入New Sequence（新建序列）对话框中，在Sequence Presets（序列设置）选项卡中Available Presets（有效预置）区域下选择 DV-PAL | Standard 48kHz选项，对Sequence Name（序列名称）进行命名，单击OK按钮，如图8-58所示。

图8-57　新建项目

图8-58　新建序列

創意大学
Premiere Pro CS6标准教材

03 进入操作界面，在Project（项目）窗口中Name（名称）区域下的空白处双击鼠标左键，在弹出的对话框中选择随书附带光盘"源文件\素材\第8章\添加字幕.jpg"，单击"打开"按钮，如图8-59所示。

04 将导入的素材文件拖至Sequence（序列）窗口的Video 1（视频1）轨道中，如图8-60所示。

图8-59　打开素材

图8-60　将素材拖入Sequence（序列）窗口

05 选中导入的素材文件，在Effect Controls（特效控制）窗口中设置Motion（运动）选项组下的Scale（比例）为80.0，如图8-61所示。

06 按下Ctrl+T组合键，在弹出的对话框中使用默认命名，单击OK按钮，进入字幕编辑器，在字幕编辑器的工具栏中选择Path Type Tool（路径输入工具）　，在Title（字幕）窗口中绘制路径，效果如图8-62所示。

图8-61　设置比例（序列）

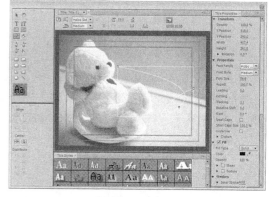

图8-62　绘制路径

07 使用Path Type Tool（路径输入工具）　在路径处插入光标，然后输入文字。在Title Properties（字幕属性）窗口中的Properties（属性）选项组中，设置Font Family（字体）为Hobo Std，设置Font Size（字体大小）为59.0；在Fill（填充）选项组中，设置Color（颜色）的RGB值为0、0、0；在Transform（变换）选项组中，将X Position（X位置）设置为518.0，Y Position（Y位置）设置为290.0，如图8-63所示。

08 在Strokes（描边）选项组中添加Outer Strokes（外侧边），将Size（尺寸）设置为15.0，将Fill Type（填充类型）设置为Solid（实色），设置Color（颜色）的RGB分别为255、255、255；选中Shadow（阴影）复选框，设置Color（颜色）的RGB值为0、0、0，将Opacity（透明度）设置为68%，将Angle（角度）设置为-240°，将Size（尺寸）设置为11.0，将Spread

（扩散）设置为27.0，将Distance（距离）设置为7.0，如图8-64所示。

图8-63　输入文本

图8-64　添加外侧边、阴影

09 将Title（字幕）窗口关闭，将Title 01（字幕01）拖至Sequence（序列）窗口Video 2（视频2）轨道中，如图8-65所示，此时效果已制作完成，将场景进行保存，然后在Program（节目）监视窗口中看一下效果。

图8-65　将字幕拖入Sequence（序列）窗口

8.5.2　静态字幕的制作——带阴影效果的字幕

源 文 件：	源文件\场景\第8章\带阴影效果的字幕.prproj
视频文件：	视频\第8章\带阴影效果的字幕.avi

本例将制作带阴影效果的字幕，其中主要是对文字的设置和与背景画面的融合，效果如图8-66所示。

图8-66　带阴影效果的字幕

01 运行Premiere Pro CS6，在欢迎界面中单击New Project（新建项目）按钮，在New Project（新建项目）对话框中，选择项目的保存路径，对项目名称进行命名，单击OK按钮，如图8-67所示。

02 进入New Sequence（新建序列）对话框中，在Sequence Presets（序列设置）选项卡中的Available Presets（有效预置）区域下选择 DV-PAL | Standard 48kHz选项，对Sequence Name（序列名称）进行命名，单击OK按钮，如图8-68所示。

图8-67 新建项目

图8-68 新建序列

03 进入操作界面，在Project（项目）窗口中Name（名称）区域下的空白处双击鼠标左键，在弹出的对话框中选择随书附带光盘"源文件\素材\第8章\带阴影效果的字幕.jpg"，单击"打开"按钮，如图8-69所示。

04 将导入的素材文件拖至Sequence（序列）窗口Video 1（视频1）轨道中，如图8-70所示。

图8-69 导入素材

图8-70 将素材拖入Sequence（序列）窗口

05 将导入的素材文件选中，在Effect Controls（特效控制）窗口设置Motion（运动）选项组中的Scale（比例）为78.0，如图8-71所示。

06 新建字幕Title 01（字幕01），打开字幕编辑器，使用Vertical Type Tool（垂直文字工具）输入文字。在Properties（属性）选项组中，设置Font Family（字体）为LiSu，设置Font Size

（字体大小）为98.0，将Kerning（字距）设置为15.0；在Fill（填充）选项组中，将Fill Type（填充类型）设置为Solid（实色），设置Color（颜色）的RGB值分别为255、255、255，设置Opacity（透明度）为100%，如图8-72所示。

<table>
<tr><td>图8-71　设置比例</td><td>图8-72　设置字体</td></tr>
</table>

07 在 Strokes （描边）选项组中添加Outer Strokes（外侧边），将 Type（尺寸）设置为Edge（边缘），将Size（尺寸）设置为10.0，将Fill Type（填充类型）设置为Solid（实色），设置Color（颜色）的RGB值分别为30、46、95；选中Shadow（阴影）复选框，设置Color（颜色）为黑色，将Opacity（透明度）设置为100%，将Angle（角度）设置为-217.0°，将Distance（距离）设置为4.0，将Size（尺寸）设置为18.0，将Spread（扩散）设置为45.0，如图8-73所示。

08 将Title（字幕）窗口关闭，将Title 01（字幕01）拖至Sequence（序列）窗口Video 2（视频2）轨道中，如图8-74所示。将场景进行保存，在 Program（节目）监视窗口中查看效果。

<table>
<tr><td>图8-73　设置属性</td><td>图8-74　将字幕拖入Sequence（序列）窗口</td></tr>
</table>

▶ 8.5.3　动态字幕的制作——带卷展效果的字幕

源 文 件：	源文件\场景\第8章\带卷展效果的字幕.prproj
视频文件：	视频\第8章\带卷展效果的字幕.avi

本例将介绍卷展效果的字幕，通过字幕窗口将文字制作出来，再为素材、字幕添加Roll Away

（卷走）特效，使之产生卷页的效果，如图8-75所示。

图8-75　卷展效果

01 运行Premiere Pro CS6，在欢迎界面中单击New Project（新建项目）按钮，在New Project（新建项目）对话框中，选择项目的保存路径，对项目名称进行命名，单击OK按钮，如图8-76所示。

02 进入New Sequence（新建序列）对话框中，在Sequence Presets（序列设置）选项卡中Available Presets（有效预置）区域下选择 DV-PAL | Standard 48kHz选项，单击OK按钮，如图8-77所示。

图8-76　新建项目

图8-77　新建序列

03 进入操作界面，在Project（项目）窗口中Name（名称）区域下的空白处双击鼠标左键，在弹出的对话框中选择随书附带光盘中的"源文件\素材\第8章\带卷展效果的字幕.psd"文件，单击"打开"按钮，如图8-78所示。

04 由于导入的素材文件中有分层文件，会弹出Import Layered File：带卷展效果的字幕（导入分层文件：带卷展效果的字幕）对话框，设置Import As:（导入为：）为Individual Layers（单个图层），单击OK按钮，如图8-79所示。

图8-78　选择素材文件　　　　　　　　　　　　　图8-79　设置分层文件

05 将素材文件导入到Project（项目）窗口中，并将其拖至Sequence（序列）窗口Video 1（视频1）轨道中，右击素材文件，在弹出的快捷菜单中选择Scale To Frame Size（适配为当前画面大小）命令，如图8-80所示。

06 为"带卷展效果的字幕.psd"文件添加Roll Away（卷走）转场效果，如图8-81所示。

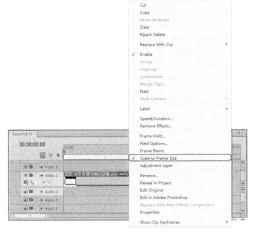

图8-80　设置拖入的素材文件　　　　　　　　　　图8-81　添加转场效果

07 在Project（项目）窗口中的空白处双击鼠标左键，在弹出的对话框中选择随书附带光盘中的"源文件\素材\第8章\带卷展效果的字幕03.jpg"文件，单击"打开"按钮，如图8-82所示。

08 将导入的"带卷展效果的字幕03.jpg"文件拖至Sequence（序列）窗口中的Video 2（视频2）轨道中，如图8-83所示。

图8-82　打开素材文件　　　　　　　　　　　　　图8-83　拖入素材文件

创意大学
Premiere Pro CS6标准教材

09 右击素材文件，在弹出的快捷菜单中选择Scale To Frame Size（适配为当前画面大小）命令，如图8-84所示。

10 确定"带卷展效果的字幕03.jpg"文件被选中的情况下，激活Effect Controls（特效控制）窗口，在Motion（运动）选项组中，取消Uniform Scale（等比缩放）复选框的选中状态，设置Scale Height（缩放高度）、Scale Width（缩放宽度）分别为72.0、85.0，设置Position（位置）为362.0、289.0，如图8-85所示。

图8-84　设置拖入的素材文件

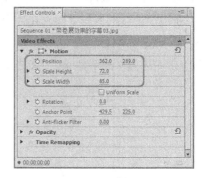

图8-85　设置参数

11 使用上述同样的方法，导入随书附带光盘中的"源文件\素材\第8章\带卷展效果的字幕02.psd"文件，如图8-86所示。

12 由于导入的素材文件中有分层文件，会弹出Import Layered File: 带卷展效果的字幕02（导入分层文件: 带卷展效果的字幕02）对话框，设置Import As:（导入为: ）为Individual Layers（单个图层），单击OK按钮，如图8-87所示。

图8-86　选择素材文件

图8-87　设置分层文件

13 将导入的"带卷展效果的字幕02.psd"文件拖至Sequence（序列）窗口Video 3（视频3）轨道中，如图8-88所示。

14 确定"带卷展效果的字幕02.psd"文件被选中的情况下，激活Effect Controls（特效控制）窗口，在Motion（运动）选项组中，设置Scale（缩放）为83.2，将Position（位置）设置为43.4、281.4，如图8-89所示。

图8-88　拖入素材文件　　　　图8-89　设置参数

⑮ 按住键盘中的Alt键，在Sequence（序列）窗口的Video 3（视频3）轨道中，将素材文件向右侧拖动，将其复制，然后将其拖入Sequence（序列）窗口的Video 4（视频4）轨道中，如图8-90所示。

⑯ 确认当前时间为00:00:00:00，将Position（位置）设置为568.3、281.4，单击其左侧的Toggle animation（切换动画）按钮📷添加关键帧，如图8-91所示。

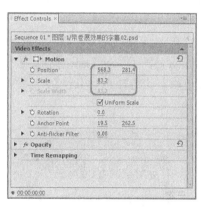

图8-90　复制素材文件　　　　图8-91　设置参数

⑰ 将时间设置为00:00:00:01，在Effect Controls（特效控制）窗口中将Position（位置）设置为62.9、281.4，如图8-92所示。

⑱ 将时间设置为00:00:00:02，在Effect Controls（特效控制）窗口中将Position（位置）设置为68.7、281.4；将时间设置为00:00:00:13，在Effect Controls（特效控制）窗口中将Position（位置）设置为366.5、281.4；将时间设置为00:00:00:14，在Effect Controls（特效控制）窗口中将Position（位置）设置为395.9、281.4；将时间设置为00:00:00:15，在Effect Controls（特效控制）窗口中将Position（位置）设置为425.0、281.4；将时间设置为00:00:00:18，在Effect Controls（特效控制）窗口中将Position（位置）设置为515.4、281.4；将时间设置为00:00:00:20，在Effect Controls（特效控制）窗口中将Position（位置）设置为568.3、281.4；将时间设置为00:00:00:23，在Effect Controls（特效控制）窗口中将Position（位置）设置为659.1、281.4；将时间设置为00:00:00:24，在Effect Controls（特效控制）窗口中将Position（位置）设置为685.1、281.4；将时间设置为00:00:01:00，在Effect Controls（特效控制）窗口中将Position（位置）设置为683.0、281.4，如图8-93所示。

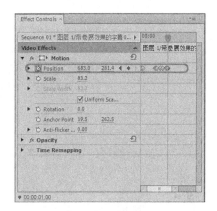

图8-92　添加关键帧　　　　　　　　　　　　图8-93　设置关键帧

⑲ 按下Ctrl+T组合键，新建Title 01（字幕01）。进入字幕编辑器，使用Vertical Type Tool（垂直文字工具）工具，在字幕窗口中输入"灵氾桥"。选中输入的文字，在Title Properties（字幕属性）窗口中，设置Properties（属性）选项组中的Font Family（字体）为STKaiti，将Font Size（字体大小）设置为35.0；在Fill（填充）选项组中将Color（颜色）设置为黑色；在Transform（变换）选项组中，设置X Position（X位置）、Y Position（Y位置）为429.7、319.5，如图8-94所示。

⑳ 在字幕窗口中输入"李坤"，选择输入的文字，设置Properties（属性）选项组中的Font Family（字体）为经典楷体简，设置Font Size（字体大小）为15.0；在Transform（变换）选项组中，设置X Position（X位置）、Y Position（Y位置）值为405.6、397.3，如图8-95所示。

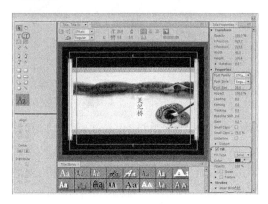

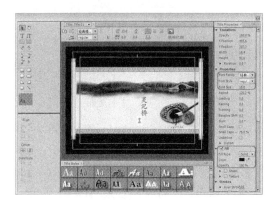

图8-94　设置文本字体　　　　　　　　　　　　图8-95　设置文本字体

㉑ 继续使用Vertical Type Tool（垂直文字工具），在字幕窗口中输入诗句。在Title Properties（字幕属性）窗口中，设置Properties（属性）选项组中的Font Family（字体）为STXihei，将Font Size（字体大小）设置为12.0，将Leading（行距）设置为20.0，将Kerning（字距）设置为10.0；在Fill（填充）选项组中，设置Color（颜色）为黑色，如图8-96所示，调整文本的位置，关闭字幕编辑器。

㉒ 将时间设置为00:00:03:00，将Title01（字幕01）拖至Sequence（序列）窗口Video 5（视频5）轨道中，与时间线指针对齐，并将其结束处与其他文件的结束处对齐，为Title 01（字幕01）字幕素材添加Roll Away（卷走）转场特效，如图8-97所示。

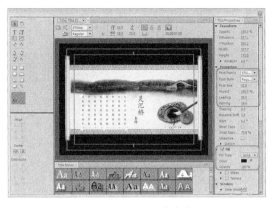

图8-96 设置文本字体

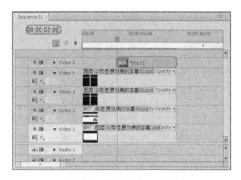

图8-97 将字幕拖入序列

23 确定Title 01（字幕01）上的Roll Away（卷走）转场特效被选中的情况下，激活Effect Controls（特效控制）窗口，选中Reverse（反转）复选框，如图8-98所示。

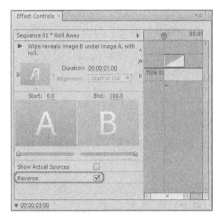

图8-98 选中Reverse（反转）复选框

24 在Effects（特效）窗口中，继续选择Roll Away（卷走）转场特效，将其拖至Video 2（视频2）轨道中"带卷展效果的字幕03.jpg"素材文件的开始处。

25 按Ctrl+S组合键将场景保存，单击Program（节目）监视窗口中的播放按钮 ▶ ，预览影片效果。

8.6 本章小结

本章介绍了字幕的创建及应用，其中包括创建字幕素材、应用字幕样式以及通过调整文字的位置、缩放比例、缩放宽度和旋转角度等为文字设置动画。

- 字幕的制作主要是在字幕编辑器中进行的，用户可以通过在菜单栏中选择File（文件）| New（新建）| Title（字幕）命令，弹出New Title（新建字幕）对话框，在该对话框中输入字幕的名称，输入完成后，单击OK按钮。
- 在字幕编辑器的工具栏中，除了文本创建工具外还包括各种图形创建工具，能够建立直线、矩形、圆形、多边形等。各种线和形状对象一开始都使用默认的线条、颜色和阴影属性，也可以随时更改这些属性。
- 在Title Styles（字幕样式）窗口中单击相应的样式效果，即可为选中的对象应用该样式。

- 计算机通过给定的关键帧，可以计算出对象在两处之间旋转的变化过程。在一般情况下，为对象指定的关键帧越多，所产生的运动变化越复杂。

8.7 课后习题

1. 选择题

（1）Fill Type（填充类型）有（　　）种填充类型。

　　A. 5　　　　　　　B. 6　　　　　　　C. 7　　　　　　　D. 8

（2）在绘制图形的时候，如果按住（　　）键，可以保持图形的纵横比。

　　A. Shift　　　　　B. Enter　　　　　C. Alt　　　　　　D. Ctrl

2. 填空题

（1）在字幕编辑器的工具栏中，除了文本创建工具外还包括各种图形创建工具，能够建立_____、_____、_____、_____等。各种线和形状对象一开始都使用默认的线条、颜色和阴影属性，也可以随时更改这些属性。有了这些工具，在影视节目的编辑过程中就可以方便地绘制一些简单的图形。

（2）对角交叉拖动控制点，可以将图形进行_____；对边交叉拖动，可以进行_____或_____翻转图形。

3. 判断题

（1）在绘制图形的时候，如果按住Shift键，可以保持图形的纵横比；按住Alt键，可以从图形的中心位置绘制。（　　）

（2）对于Premiere Pro CS6来说，字幕不是一个独立的文件。（　　）

4. 上机操作题

利用本章所学的内容制作一个翻转效果的文字，如图8-94所示。

图8-94　字幕效果

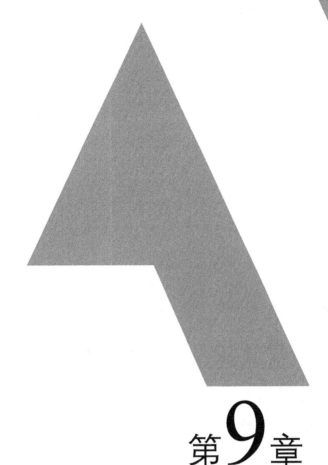

第 **9** 章
音频效果的添加与编辑

对于一部完整的影片来说，声音具有重要的作用，无论是同期的配音还是后期的效果、伴乐，都是一部影片不可缺少的。本章对如何使用Premiere Pro CS6在影视作品中添加声音效果、进行音频剪辑的基本操作和理论规律进行了详细的介绍。

学习要点

- 了解音频效果的一些知识
- 使用 Audio Mixer（调音台）调节音频
- 调节音频的具体方法
- 了解录音和子轨道

- 使用Sequence（序列）窗口合成音频
- 分离和链接视音频
- 添加音频特效
- 了解声音的组合形式及其作用

9.1 关于音频效果

Premiere Pro CS6具有空前强大的音频理解能力。通过使用Audio Mixer（调音台）窗口，可以利用专业混音器的工作方式来控制声音。其最新的5.1声道处理能力，可以输出带有AC.3环绕音效的DVD影片。另外，实时的录音功能，以及音频素材和音频轨道的分离处理概念也使得在Premiere Pro CS6中处理声音特效更加方便。

在Premiere Pro CS6中可以很方便地处理音频，同时还提供了一些较好的声音处理方法，例如声音的摇移、声音的渐变等。本章主要介绍Premiere Pro CS6处理音频的方法。

9.1.1 Premiere Pro CS6对音频效果的处理方式

首先了解一下在Premiere Pro CS6中使用的音频素材到底有哪些效果。在Sequence（序列）窗口中的音频轨道分为两个通道，即左、右声道（L和R通道）。如果音频素材的声音使用单声道，则Premiere Pro CS6可以改变这一声道的效果；如果音频素材使用双声道，Premiere Pro CS6可以在两个声道间实现音频特有的效果，例如摇移，将一个声道的声音转移到另一个声道，在实现声音环绕效果时特别有用；而更多音频轨道效果的合成处理，则使用Audio Mixer（调音台）来控制是最方便不过的了。

同时，Premiere Pro CS6提供了处理音频的特效。音频特效和视频特效相似，选择不同的特效可以实现不同的音频效果。项目中使用的音频素材可能在文件形式上有所不同，但是一旦被添加到项目中，Premiere Pro CS6将自动把它转化成帧，可以像处理视频帧一样方便地进行处理。

9.1.2 Premiere Pro CS6处理音频的顺序

使用Premiere处理音频有一定的顺序，添加音频效果的时候要考虑添加的次序。Premiere首先对任何应用的音频滤镜进行处理，紧接着是在Sequence（序列）窗口的音频轨道中添加的任何摇移或者增益调整，它们是最后处理的效果。要对素材调整增益，可以选择Clip（素材）| Audio Options（音频选项）| Audio Gain（音频增益）命令，在弹出的Audio Gain（音频增益）对话框中调整数值，单击OK按钮，如图9-1所示。音频素材最后的效果包含在预览的节目或输出的节目中。

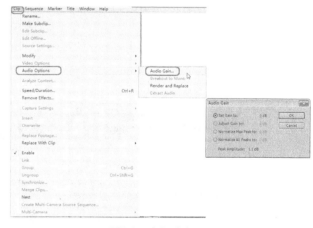

图9-1 音频增益设置

9.2 使用Audio Mixer（调音台）调节音频

Premiere Pro CS6大大加强了其处理音频的能力，使其更加专业化。Audio Mixer（调音台）

窗口是Premiere Pro CS6中新增的窗口，选择Windows（窗口）| Audio Mixer（调音台）命令可打开该窗口，以更加有效地调节节目的音频，如图9-2所示。

Audio Mixer（调音台）窗口可以实时混合Sequence（序列）窗口中各轨道的音频对象。用户可以在Audio Mixer（调节台）窗口中选择相应的音频控制器进行调节（图9-2中，左侧红框内为轨道音频控制器，右侧红框内为主音频控制器），该控制器调节其在Sequence（序列）窗口对应轨道的音频对象。

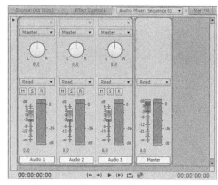

图9-2　Audio Mixer（调音台）窗口

▶ 9.2.1　认识 Audio Mixer（调音台）窗口

Audio Mixer（调音台）由若干个轨道音频控制器、主音频控制器和播放控制器组成。每个控制器由控制按钮、调节滑块调节音频。

1. 轨道音频控制器

Audio Mixer（调音台）窗口中的轨道音频控制器用于调节与其相对应轨道上的音频对象，控制器1对应Audio 1轨道，控制器2对应Audio 2轨道，以此类推。轨道音频控制器的数目由Sequence（序列）窗口中的音频轨道数目决定。当在Sequence（序列）窗口中添加音频轨道时，Audio Mixer（调音台）窗口中将自动添加一个轨道音频控制器与其对应，如图9-3所示。

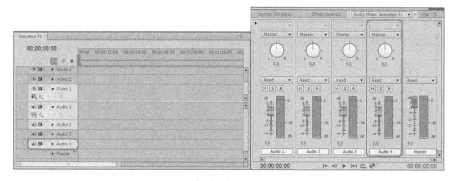

图9-3　序列与轨道音频相对应

轨道音频控制器由控制按钮、声道调节滑轮及音量调节滑块组成，下面进行分别讲解。

1）控制按钮

轨道音频控制器的控制按钮可以控制音频调节时的调节状态，如图9-4所示。

- Mute Track（轨道静音）：单击按钮 M，该轨道音频会被设置为静音状态。
- Solo Track（独奏轨）：单击按钮 S，其他未激活该按钮的轨道音频会自动被设置为静音状态。
- Enable Track for Recording（激活录制轨道）：单击按钮 R，可以利用输入设备将声音录制到目标轨道上。

2）声道调节滑轮

如果对象为双声道音频，可以使用声道调节滑轮调节播放声道。向左拖动滑轮，输出到左声道

（L）的声音增大；向右拖动滑轮，输出到右声道（R）的声音增大，声道调节滑轮如图9-5所示。

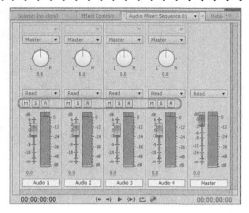

图9-4　轨道音频控制器

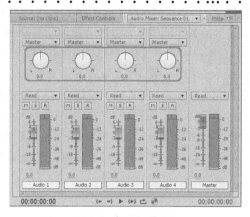

图9-5　声道调节滑轮

3）音量调节滑块

通过音量调节滑块可以控制当前轨道音频对象的音量，Premiere Pro CS6以分贝数显示音量。向上拖动滑块，可以增加音量；向下拖动滑块，可以减小音量。下方数值栏中显示当前音量，用户也可直接在数值栏中输入声音分贝。播放音频时，面板右侧为音量表，显示音频播放时的音量大小；音量表顶部的小方块表示系统所能处理的音量极限，当方块显示为红色时，表示该音频音量超过极限，音量过大。音量调节滑块如图9-6所示。

使用主音频控制器可以调节Sequence（序列）窗口中所有轨道上的音频对象。主音频控制器的使用方法与轨道音频控制器相同。

2. 播放控制器

播放控制器用于音频播放，使用方法与监视窗口中的播放控制栏相同，如图9-7所示。

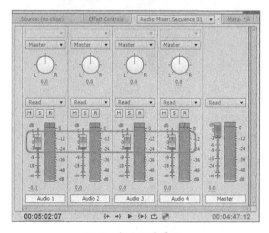

图9-6　音量调节滑块

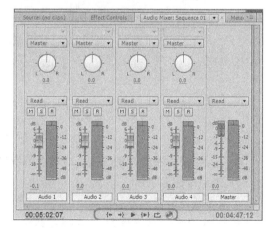

图9-7　播放控制器

▶ 9.2.2　设置 Audio Mixer（调音台）窗口

单击Audio Mixer（调音台）窗口右上角的 ▦ 按钮，在弹出的菜单中可以对窗口进行相关设置，如图9-8所示。

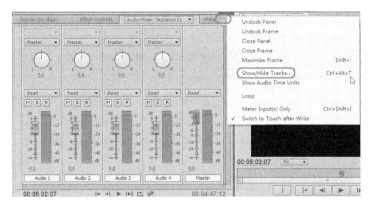

图9-8　窗口设置菜单

- Show/Hide Tracks（显示/隐藏轨道）：该命令可以对Audio Mixer（调音台）窗口中的轨道进行隐藏或者显示设置。选择该命令，在弹出的如图9-9所示的设置对话框中，取消Audio 4（音频4）的选择，单击OK按钮，此时会发现调音台窗口中Audio 4（音频4）已隐藏。

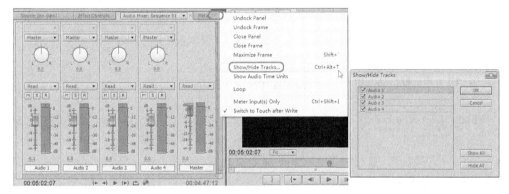

图9-9　显示/隐藏轨道

- Show Audio Time Units（显示音频单位）：该命令可以在时间线上以音频单位进行显示，此时会发现Sequence（序列）和Audio Mixer（调音台）窗口中都是以音频单位进行显示的。
- Loop（循环）：该命令被选定的情况下，系统会循环播放音乐。

在编辑音频的时候，一般情况下，以波形来显示 🔢，这样可以更直观地观察声音的变化状态。在音频轨道左侧的控制面板中单击按钮 🔢，在弹出的下拉菜单中选择Show Waveform（显示波形）命令，即可在图标上显示音频波形，如图9-10所示。

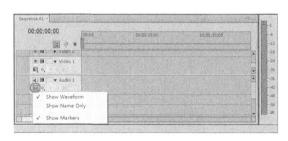

图9-10　显示波形

9.3　调节音频

在Adobe Premiere CS6软的Sequence（序列）窗口中可以编辑处理视频素材，也可以对音频素材进行编辑合成操作，还可以调整音频素材的音量、平衡和平移等参数。

可以调节整个音频素材的增益，同时保持为素材调制的电平稳定不变。

在Premiere Pro CS6中，用户可以通过音频淡化器（将音频素材拖至音频轨道中，展开音频轨道可看见一条黄线，该黄线即为音频淡化器）或调音台调制音频电平。Premiere Pro CS6对音频的调节分为素材调节和轨道调节。对素材进行调节时，音频的改变仅对当前的音频素材有效，删除素材后调节效果就消失了；而轨道调节仅针对当前音频轨道进行调节，所有在当前音频轨道上的音频素材都会在调节范围内受到影响。使用实时记录的时候，则只能针对音频轨道进行。

在音频轨道控制面板左侧单击按钮 ，可以在弹出的菜单中选择音频轨道的显示内容。如果要调节音量，可以选择Show Clip Volume（显示素材音量）或者Show Track Volume（显示轨道音量），如图9-11所示。

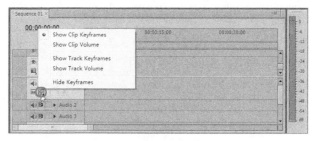

图9-11　显示素材（轨道）音量的设置

▶ 9.3.1　使用音频淡化器调节音频

选择Show Clip Keyframes（显示素材关键帧）或Show Track Keyframes（显示轨道关键帧）命令，可以分别调节素材或者轨道的音量。使用音频淡化器调节音频电平的方法如下。

01　除Audio 1（音频1），默认情况下音频轨道面板卷展栏关闭。单击卷展栏控制按钮 ，使其变为状态 ，展开轨道。

02　在Tools（工具）面板中选择Pen Tool（钢笔工具） ，使用该工具拖动音频素材或轨道上的黄线，光标即可变为带加号光标，如图9-12所示。

03　单击黄线就可以添加关键帧，将光标移动到黄线的关键帧上面，光标变为带有关键帧样式的光标，如图9-13所示。

图9-12　带有加号的光标

图9-13　带关键帧样式的光标

04　单击鼠标左键产生一个关键帧，用户可以根据需要产生多个关键帧。按住鼠标左键上下拖动关键帧。关键帧之间的直线指示音频素材是淡入或者淡出：一条递增的直线表示音频淡入，一条递减的直线表示音频淡出，如图9-14所示。

05　右键单击音频素材，选择Audio Gain（音频增益）命令，在弹出的对话框中选择Normalize All Peaks to（标准化所有峰值为）选项，可以使音频素材自动匹配到最佳音量，如图9-15所示。

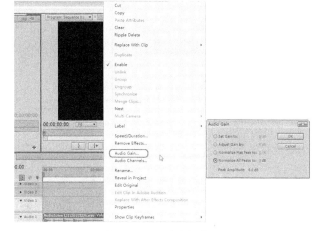

图9-14 设置音频淡入淡出　　　　　　　　图9-15 设置峰值标准化

9.3.2 实时调节音频

使用Premiere Pro CS6的Audio Mixer（调音台）窗口调节音量非常方便，用户可以在播放音频时实时进行音量调节。使用Audio Mixer（调音台）窗口调节音频电平的方法如下。

01 在Sequence（序列）窗口中的音频轨道上选择Show Track Volume（显示轨道音量）命令。

02 在Audio Mixer（调音台）窗口上方需要进行调节的轨道上单击Read（只读），在弹出的下拉列表中进行设置，选择Off（关闭）命令，系统会忽略当前音频轨道上的调节，仅按照默认的设置播放，如图9-16所示。

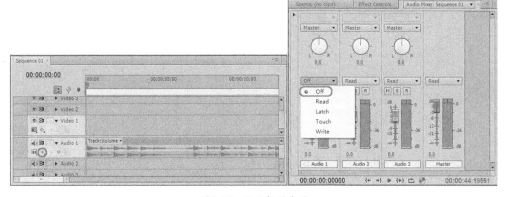

图9-16 显示轨道音量

在Read（只读）状态下，系统会读取当前音频轨道上的调节效果，但是不能记录音频的调节过程。

在Latch（锁定）、Touch（触动）、Write（写入）三种方式下，都可以实时记录音频调节。

● Latch（锁存）：系统可自动记录对数据的调节。再次播放音频时，音频可按之前的操作进行自动调节。

● Touch（触动）：在播放过程中，调节数据后，数据会自动恢复为初始状态。

● Write（写入）：当使用自动书写功能实时播放记录调节数据时，每调节一次，下一次调节时调节滑块停留在上一次调节后的位置。在混音器中激活需要调节轨道的自动记录状态，一般

情况下选择Write（写入）即可。

03 单击Audio Mixer（调音台）窗口中的播放按钮 ▶ ，Sequence（序列）窗口中的音频素材开始播放。拖动音量控制滑块进行调节，调节完毕，系统自动记录调节结果。

9.4 录音和子轨道

Premiere Pro CS6的调音台提供了崭新的录音和子轨道调节功能，可直接在计算机上完成解说或者配乐的工作。

▶ 9.4.1 制作录音

要使用录音功能，首先必须保证计算机的音频输入装置被正确连接。可以使用MIC或者其他MIDI设备在Premiere Pro CS6中录音，录制的声音会成为音频轨道上的一个音频素材，还可以将这个音频素材输出保存为一个兼容的音频文件格式。制作录音的方法如下。

01 首先激活要录制音频轨道的按钮 R ，激活录音装置后，上方会出现音频输入的设备选项，选择输入音频的设备即可，然后激活窗口下方的按钮 ⊙ ，如图9-17所示。

02 单击窗口下方的按钮 ▶ ，进行解说或者演奏即可；单击按钮 ■ 即可停止录制，当前音频轨道上会出现刚才录制的声音，如图9-18所示。

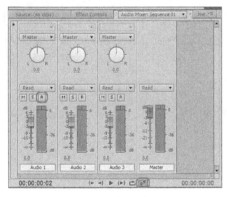

图9-17　启用录制轨道

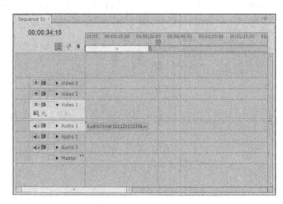

图9-18　记录录制的声音

▶ 9.4.2 添加与设置子轨道

可以为每个音频轨道增添子轨道，并且分别对每个子轨道进行不同的调节或者添加不同的特效来完成复杂的声音效果设置。需要注意的是，子轨道是依附于其主轨道存在的，因此，在子轨道中无法添加音频素材，仅作为辅助调节使用。添加与设置子轨道的方法如下。

01 单击Audio Mixer（调音台）窗口中左侧的按钮 ▶ ，展开特效和子轨道设置栏。下边的 区域用来添加音频子轨道。在子轨道的区域中单击小三角按钮，会弹出子轨道下拉列表，如图9-19所示。

02 在下拉列表中选择添加的子轨道方式。可以添加一个单声道、双声道或者5.1声道的子轨道。选择子轨道类型后，即可为当前音频轨道添加子轨道，可以分别切换到不同的子轨道进行调节控制，Premiere Pro CS6提供了最多5个子轨道的控制。

03 单击子轨道调节栏右上角的按钮 ，使其变为 ，此时可以屏蔽当前的子轨道效果，如图9-20
所示。

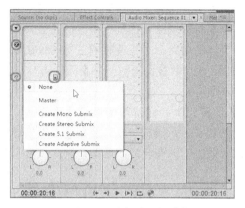
图9-19　子轨道下拉列表

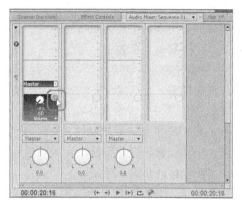
图9-20　屏蔽当前子轨道

9.5　使用Sequence（序列）窗口合成音频

　　Sequence（序列）窗口不仅可以编辑视频素材，还可以对音频进行编辑和合成，在Sequence（序列）窗口中调整音轨的音量、平衡和平移等，对音轨的处理将直接影响所有放入音轨中的素材。

▶ 9.5.1　调整音频的持续时间和速度

　　音频的持续时间就是指音频的入、出点之间的素材持续时间，因此，对于音频持续时间的调整是通过入、出点的设置来进行的。改变整段音频的持续时间还有其他方法：可以在Sequence（序列）窗口中用Selection Tool（选择工具）直接拖动音频的边缘，以改变音频轨迹上音频素材的长度；还可以选中Sequence（序列）窗口中的音频片段，然后右击鼠标，从弹出的快捷菜单中选择Speed/Duration（速度/持续时间）命令，在弹出的Clip Speed/Duration（素材速度/持续时间）对话框中可以设置音频片段的长度，如图9-21所示。

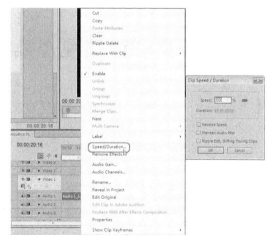
图9-21　设置音频的速度和长度

　　同样，可以对音频的速度进行调整。在刚才弹出的Clip Speed/Duration（素材速度/持续时间）对话框中，也可以对音频素材的播放速度进行调整。

> 🔍 提　示
>
> 　　改变音频的播放速度后会影响音频播放的效果，音调会因速度的提高而升高，因速度的降低而降低。同时播放速度变化了，播放的时间也会随着改变，但这种改变与单纯改变音频素材的入、出点而改变持续时间是不同的。

9.5.2　增益音频

音频素材的增益指的是音频信号的声调高低。在节目中经常要处理声音的声调，特别是当同一个视频同时出现几个音频素材的时候，就要平衡几个素材的增益。否则一个素材的音频信号或低或高，将会影响浏览效果，可为一个音频剪辑设置整体的增益。尽管音频增益的调整在音量、摇摆/平衡和音频效果调整之后，但它并不会删除这些设置。增益设置对于平衡几个剪辑的增益级别，或者调节一个剪辑太高或太低的音频信号是十分有用的。

同时，如果一个音频素材在数字化的时候捕获的设置不当，也常常会造成增益过低，而用Premiere Pro CS6提高素材的增益，有可能增大了素材的噪音甚至造成失真。要使输出效果达到最好，就应按照标准步骤进行操作，以确保每次数字化音频剪辑时有合适的增益级别。在一个剪辑中调整音频增益的步骤一般如下。

01 在Sequence（序列）窗口中，使用Selection Tool（选择工具）选择一个音频剪辑，或者使用轨道选择工具选择多个音频剪辑，此时剪辑周围出现黑色阴影框，表示该剪辑已经被选中。

02 选择Clip（素材）| Audio Options（音频选项）| Audio Gain（音频增益）命令，弹出Audio Gain（音频增益）对话框。

03 根据需要选择一种帧设置方式。在Set Gain to（设置增益值）右侧可以输入-96～96之间的任意数值，表示音频增益的声音大小（dB分贝）。大于0的值会放大剪辑的增益，小于0的值则削弱剪辑的增益，使其声音更小。在Normalize Max Peak to（标准化最大峰值为）右侧的文本框中可以输入Premiere Pro CS6的最大增益值，最大可达96。该值代表将剪辑中音量的最高部分放大到系统能产生的最大音量所需要的放大分贝数。

04 设置完成后单击OK按钮。

9.6　分离和链接视音频

在编辑工作中，经常需要将Sequence（序列）窗口中的视音频链接素材的视频和音频分离。用户可以完全打断或者暂时释放链接素材的链接关系并重新放置其各部分。

Premiere Pro CS6中音频素材和视频素材有硬链接和软链接两种链接关系。当链接的视频和音频来自于同一个影片文件时，它们是硬链接，Project（项目）窗口只出现一个素材，硬链接是在素材输入Premiere之前就建立完成的，在序列中显示为相同的颜色。

软链接是在Sequence（序列）窗口中建立的链接。用户可以在Sequence（序列）窗口中为音频素材和视频素材建立软链接。软链接类似于硬链接，但链接的素材在Project（项目）窗口中保持着各自的完整性，在序列中显示为不同的颜色。

实例：分离和链接视音频

源　文　件：	源文件\场景\第9章\分离和链接视音频.prproj
视频文件：	视频\第9章\分离和链接视音频.avi

下面来讲解怎样分离和链接视音频，步骤如下。

01 运行Premiere Pro CS6软件后，在欢迎界面中单击New Project（新建项目）按钮，弹出New Project（新建项目）对话框，将Capture Format（采集格式）设置为HDV，单击Location（位置）选项右侧的Browse（浏览）按钮，为其设置保存路径，在Name（名称）文本框中输入项目名称，如图9-22所示。

02 单击OK按钮，弹出New Sequence（新建序列）对话框，选择DV-PAL | Standard 48kHz预设格式作为项目文件的格式，如图9-23所示。

图9-22　New Project（新建项目）对话框　　　　图9-23　New Sequence（新建序列）对话框

03 设置完成后单击OK按钮，完成项目的创建，在菜单栏中选择File（文件）| Import（导入）命令，如图9-24所示。

04 在弹出的Import（导入）对话框中，选择随书附带光盘中的"源文件\素材\第9章\视频.avi"，单击"打开"按钮，如图9-25所示。

图9-24　选择Import（导入）命令　　　　图9-25　选择素材文件

05 在Project（项目）窗口中，选择导入的素材，将其拖曳到Video 1（视频1）轨道中，如图9-26所示。

06 选择Video 1（视频1）轨道中的视频素材，打断链接在一起的视音频，右击鼠标，在弹出的快捷菜单中选择Unlink（解除视音频链接）命令，如图9-27所示。

07 被打断的视音频可以单独进行操作和拖动，如图9-28所示。

08 如果要把分离的视音频素材链接在一起作为一个整体进行操作，则只需要框选需要链接的视

音频，单击鼠标右键，在弹出的快捷菜单中选择Link（链接视音频）命令，如图9-29所示。

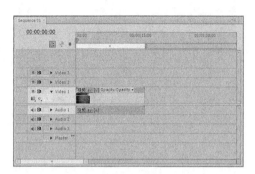

图9-26　植入素材

图9-27　选择Unlink（解除视音频链接）命令

图9-28　被打断的视音频

图9-29　选择Link（链接视音频）命令

 按Ctrl+S组合键，保存文件。

🔍 **提　示**

　　如果把一段链接在一起的视音频文件打断了，移动了位置或者分别设置入点、出点而产生了偏移，再次将其链接，系统会做出警告，表示视音频不同步，如图9-30所示，左侧出现青绿色警告，并标识错位的帧数。

图9-30　视音频不同步警告

9.7 添加音频特效

Premiere Pro CS6提供了20种以上的音频特效，可以通过特效产生回声、合声以及去除噪音的效果，还可以使用扩展的插件得到更多的控制。

9.7.1 音频特效简述

音频特效的作用与视频特效类似，用来创造与众不同的声音效果，既可以应用于音频素材，也可以应用于音频轨道。音频特效按照声道种类的不同，分别存放在Effects（特效）窗口的Audio Effects（音频特效）文件夹中。

1. 音频转场特效

在同一个轨道中的两个音频之间可以添加音频转场特效。Audio Transitions（音频转场特效）| Cross fade（交叉渐隐）文件夹中共有3种音频转场特效，即Constant Gain（恒定增益）、Constant Power（恒定功率）和Exponential Fade（指数弹出）。

应用音频转场特效的操作如下。

⓪① 将两段音频素材调入到Sequence（序列）窗口中的同一条音频轨道中，并拼接到一起。切换到Effects（特效）窗口，选择Audio Transitions（音频转场特效）| Crossfade（交叉渐隐）| Constant Gain（恒定增益）命令，使用鼠标左键将其拖动至Sequence（序列）窗口中的两段音频素材之间，如图9-31所示。

⓪② 在Sequence（序列）窗口中，在Constant Gain（恒定增益）转场特效上双击鼠标左键，自动切换到Effect Controls（特效控制）窗口，可以设置转场效果的Duration（持续时间）、Alignment（对齐）参数，如图9-32所示。

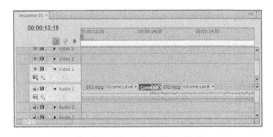

图9-31　添加音频转场效果

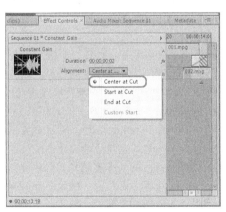

图9-32　调节音频转场特效

Constant Power（恒定功率）转场效果通过曲线变换的方式，使一个音频轨道上的音频素材过渡到另一个音频轨道上的音频素材，过渡效果更加自然。

2. 音频特效

Adobe Premiere Pro CS6中的 Audio Effects（音频特效）文件夹，如图9-33所示。三种类型音频特效文件中的音频特效名称是大体相同的。但是三种类型的音频特效分别对应三种类型的音频

素材，如Stereo（立体声）文件中的音频特效只能应用
在Stereo（立体声）类型的音频素材上。

音频特效的名称及作用如下。

图9-33　Audio Effects（音频特效）文件夹

- Balance（平衡）：平衡左右声道的相对量。
- Bandpass（带通）：消除在超出规定范围内发生的频率。
- Bass（低音）：调节音频中的低音部分，削弱高频部分的影响（200MHz以下）。
- Channel Volume（声道音量）：独立控制多声道音效中每个声道的音量效果。
- Chorus（合唱）：模仿产生大环境合唱的效果，模仿许多声音和乐器同时工作，带有延迟和回声。
- DeClicker（消音器）：消除类似于"喀嚓"的声音。
- DeCrackler（消音器）：消除爆破声音。
- DeEsser（消音器）：消除"咝咝"的唇齿声音。
- DeHummer（消音器）：消除"嗡嗡"的声音。
- Delay（延迟）：设置原始声音与回声之间的时间，最大可设置为28s，可以模似回声的效果。
- DeNoiser（消音器）：消除或降低噪声。
- Dynamics（动态调整）：以不同的模式调整音频。
- EQ（均衡器）：通过控制音频中的频率成分调整音频输出效果，主要将音频的频率分成五个段落来调节。
- Fill Left（填充右声道）：用音频素材中左声道的信息覆盖右声道的信息，并且禁用右声道。
- Fill Right（填充左声道）：用音频素材中右声道的信息覆盖左声道的信息，并且禁用左声道。
- Flanger（镶边）：声音的延迟和叠加，产生一个与原音频一样的音频并带有延迟与原音频混合。
- Highpass（高通滤波器）：控制在一个数值之上的所有频率能够输出，低于设定数值频率的音频将被滤除，高于设定数值频率的音频将被保留。
- Invert（倒置）：将音频所有通道的Phase（相位）倒转。
- Lowpass（低通滤波器）：控制在一个数值之下的所有频率能够输出。
- MultibandCompressor（多频带压缩）：把音频中的频率分成多段，通过变更某一段或者多段，从而影响音频的输出效果。
- Multitap Delay（多重延迟）：对音频增加多个级别的延迟效果。
- Notch（v形滤波器）：相似于Bandpass（带通）特效。
- Parametric EQ（参数均衡器）：与EQ（均衡器）特效相似，功能和参数比EQ少，只控制某一频段的音频。
- Phaser（相位器）：将音频某部分频率的相位发生反转，并与原音频混合。
- PitchShifter（声音变调）：变更声音的音调，可以模仿卡通鼠等声音。
- Reverb（混响）：模仿声音在房间的效果和氛围，可以模拟回声的效果。
- Spectral Noise Reduction（频谱降噪）：使用特别的算法来消除素材片段中的噪声。
- Swap Channels（交换声道）：交换左右声道的音频信息。
- Treble（高音）：调节音频中的高音部分，消弱低频部分的影响。
- Volume（调节音量）：调节音频的音量，正值提高音量，负值则相反。

9.7.2 添加音频特效

1. 添加音频特效

添加音频特效的操作方法与添加视频特效的方法相同，在Effects（特效）窗口的Audio Effects（音频特效）文件夹中选择音频特效进行添加设置，如图9-34所示。

Adobe Premiere Pro CS6不但可以对音频素材添加特效，还可以直接对整条音频轨道添加特效。切换到Audio Mixer（混音器）窗口，展开目标轨道的Effects（特效）设置栏，单击右侧设置栏上的三角图标，弹出音频特效下拉列表，如图9-35所示。

图9-34　Audio Effects（音频特效）文件夹　　　图9-35　在Audio Mixer（调音器）窗口中添加音频特效

选择一个音频特效即可为音频素材添加音频特效，可以在同一个音频轨道上添加多个特效并分别进行控制，如图9-36所示。

2. 添加音频转场特效

Adobe Premiere Pro CS6也为音频素材提供了简单的转场特效，存放在Audio Transitions（音频转场特效）文件夹中，如图9-37所示。添加音频转场特效的方法与添加视频转场特效的方法相同。

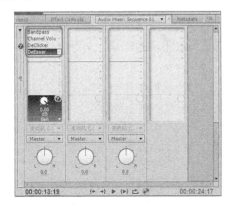

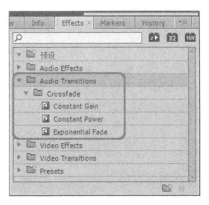

图9-36　添加多个音频特效　　　　　　图9-37　Audio Transitions（音频转场特效）文件夹

3. 调节音频特效

当需要调节轨道上的音频特效时，鼠标右键单击某个特效，弹出快捷菜单，如图9-38所示。在快捷菜单中可以对轨道音频特效进行调整，不同特效的快捷菜单不同，如图9-39所示。

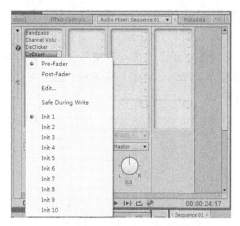

图9-38　调节音频特效

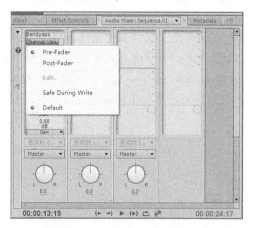

图9-39　特效不同快捷菜单不同

提 示

　　部分轨道音频特效的快捷菜单中存在Edit（编辑）命令。选择Edit（编辑）命令，弹出音频特效设置对话框，可以进行更加详细的设置，如图9-40所示。

图9-40　音频特效设置对话框

9.8　声音的组合形式及其作用

　　在影视节目中，一般来说，语言表达寓意，音乐表达感情，音响表达效果，这是它们各自特有的功能。它们可以先后出现，也可以同时出现，当三者同时出现的时候，决不能各不相让，相互冲突，要注意三者的相互结合。

　　并列的声音应该有主次之分，要根据画面适度调节。在影视教学片中，声音除了与画面教学内容紧密配合以外，运用声音本身的组合也可以显示声音在表现主题上的重要作用。

9.8.1　声音的混合、对比与遮罩

　　声音的混合、对比和遮罩，从字面上看也不难理解。下面来看一下有关三种效果的具体介绍。

1. 声音的混合

声音组合即是几种声音同时出现，产生一种混合效果，用来表现某种场景，如表现大街的繁华时，把车声、人声进行混合。但并列的声音应该有主次之分，要根据画面适度调节，把最有表现力的声音作为主旋律。

2. 声音的对比

将含义不同的声音按照需要安排同时出现，使它们在鲜明的对比中产生反衬效应。

3. 声音的遮罩

在同一场面中，并列出现多种同类的声音，有一种声音突出于其他声音之上，引起人们对某种发生体的注意。

9.8.2　接应式与转换式声音交替

接应式声音交替与转换式声音交替在一些电视剧或电影中比较常用。下面来了解一下这两种声音交替方式。

1. 接应式声音交替

接应式声音交替即同一声音此起彼伏，前后相继，为同一动作或事物进行渲染。这种有规律节奏的接应式声音交替经常用来渲染某一场景的气氛。

2. 转换式声音交替

转换式声音交替即采用两种声音在音调或节奏上的近似，从一种声音转化为另一种声音。如果转化为节奏上近似的音乐，既能在观众的印象中保持音响效果所造成的环境真实性，又能发挥音乐的感染作用，充分表达一定的内在情绪。同时，由于节奏上的近似，在转换过程中给人以一气呵成的感觉，这种转化效果有一种韵律感，容易记忆。

9.8.3　声音与"静默"的交替

无声是一种具有积极意义的表现手法，在影视片中通常作为恐惧、不安、孤独、寂静以及人物内心空白等气氛和心情的烘托。

无声可以与声音在情绪上和节奏上形成明显的对比，具有强烈的艺术感染力。例如，暴风雨后的寂静无声，会使人感到时间的停顿、生命的静止，给人以强烈的情感冲击。但这种无声的场景在影片中不能太多，否则会降低节奏，失去感染力，让观众产生烦躁的情绪。

9.9　拓展练习——添加音效

在Premiere Pro CS6中，音频也可以添加特效，普通的音频素材添加音频特效，可以制作出特殊的声音效果，如山谷回声的效果、屋内声音混响的效果、超重音效果等。音频特效分为三组，它们分别是单声道、Stereo、5.1声道，每一组音频只能添加到对应类型的音频素材中，本章中的拓展练习主要对常用的音频特效的使用进行介绍。

创意大学
Premiere Pro CS6标准教材

▶ 9.9.1　超重低音效果

源 文 件:	源文件\场景\第9章\超重低音效果.prproj
视频文件:	视频\第9章\超重低音效果.avi

　　超重低音效果是影视中很常见的一种效果，它加重了声音的低频强度，提高了音效的震撼力，特别是在动作片和科幻片中经常用到的。

01 运行Premiere Pro CS6，在欢迎界面中单击New Project（新建项目）按钮，在New Project（新建项目）对话框中，选择项目的保存路径，对项目名称进行命名，单击OK按钮，如图9-41所示。

02 进入New Sequence（新建序列）对话框，在Sequence Presets（序列设置）选项卡中Available Presets（有效预置）区域下选择DV-PAL | Standard 48kHz 选项，对Sequence Name（序列名称）进行命名，单击OK按钮，如图9-42所示。

图9-41　新建项目

图9-42　新建序列

03 进入操作界面，在Project（项目）窗口中Name（名称）区域下的空白处双击鼠标左键，如图9-43所示。

04 在弹出的对话框中选择随书附带光盘"源文件\素材\第9章\超重低音效果.wav"，单击"打开"按钮，如图9-44所示。

图9-43　Project（项目）窗口

图9-44　导入素材

05 在Project（项目）窗口中Name（名称）区域下将"超重低音效果.wav"文件拖至Sequence（序列）窗口Audio 1（音频1）轨道中，如图9-45所示。

06 确定当前时间为00:00:00:00,在Effects(特效)窗口下的Audio Effects(音频特效)文件夹中,为"超重低音效果.wav"文件添加Bass(低音)特效,如图9-46所示。

图9-45 拖入音频   图9-46 选择Bass(低音)特效

○ 提 示

　　为文件进行Bass(低音)音频特效的添加时,只要选择Bass(低音)特效,将其拖曳到Sequence(序列)窗口Audio 1(音频1)轨道中的素材上即可。

07 激活Effect Controls(特效控制)窗口,设置当前时间为00:00:00:00,设置Boost(放大)为1.0dB,单击左侧的Toggle animation(切换动画)按钮,打开动画关键帧的记录,如图9-47所示。

08 设置当前时间为00:00:02:11,设置Boost(放大)为10.0dB,如图9-48所示。

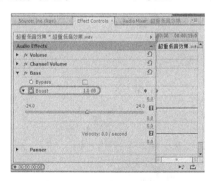

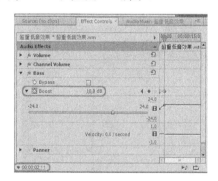

图9-47 设置第一处关键帧   图9-48 设置第二处关键帧

09 设置当前时间为00:00:06:00,设置Boost(放大)为3.0dB,如图9-49所示。

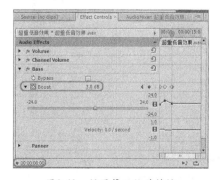

图9-49 设置第三处关键帧

⑩ 设置完场景，在Program（节目）监视窗口中播放效果，确认无误后，在菜单栏中选择File（文件）| Save As（另存为）命令，如图9-50所示。

⑪ 在弹出的对话框中单击"保存"按钮，如图9-51所示。

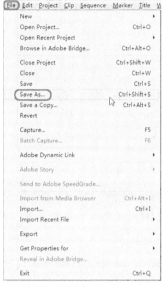

图9-50　选择Save As（另存为）命令　　　　图9-51　Save Project（保存项目）对话框

⑫ 在菜单栏中选择File（文件）| Export（导出）| Media（媒体）命令，如图9-52所示。

⑬ 在弹出的Export Settings（导出设置）对话框中，将Format（格式）选项设置为AVI，Preset（预设）设置为PAL DV，如图9-53所示。

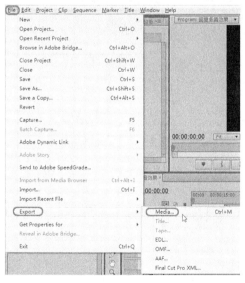

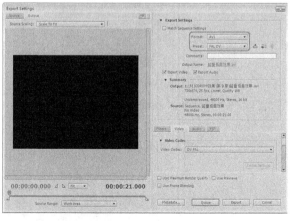

图9-52　选择Media（媒体）命令　　　　图9-53　设置输出格式与预设文件

⑭ 单击Output Name（输出名称）右侧的"超重低音效果.avi"文字，弹出Save As（另存为）对话框，输入文件名称，如图9-54所示，单击"保存"按钮确认。

⑮ 单击Export（导出）按钮进行输出，如图9-55所示。

图9-54　设置保存文件名

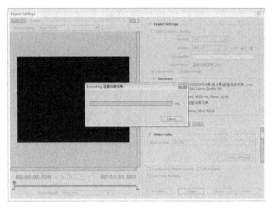

图9-55　渲染输出

9.9.2　山谷回声效果

源 文 件:	源文件\场景\第9章\山谷回声效果.prproj
视频文件:	视频\第9章\山谷回声效果.avi

　　山谷回声在影视作品中也是常见的一种音效，通过添加设置Delay（延迟）特效，可以非常逼真地模拟出声音的传播、反射、弱减效果。

01 运行Premiere Pro CS6，在欢迎界面中单击New Project（新建项目）按钮，在New Project（新建项目）对话框中，选择项目的保存路径，对项目名称进行命名，单击OK按钮，如图9-56所示。

02 进入New Sequence（新建序列）对话框中，在Sequence Presets（序列设置）选项卡中的Available Presets（有效预置）区域下选择DV-PAL | Standard48kHz选项，对Sequence Name（序列名称）进行命名，单击OK按钮，如图9-57所示。

图9-56　新建项目

图9-57　新建序列

03 进入操作界面，在Project（项目）窗口中Name（名称）区域下的空白处双击鼠标左键，如图9-58所示。

04 在弹出的对话框中选择随书附带光盘中的"源文件\素材\第9章\山谷回声效果.mp3",单击"打开"按钮,如图9-59所示。

图9-58 Project(项目)窗口

图9-59 导入素材

05 在Project(项目)窗口中的Name(名称)区域下,将"山谷回声效果.mp3"文件拖至Sequence(序列)窗口中Audio 1(音频1)轨道中,如图9-60所示。

06 在Effects(特效)窗口下的Audio Effects(音频特效)文件夹中,为"山谷回声效果.mp3"文件添加Delay(延迟)特效,如图9-61所示。

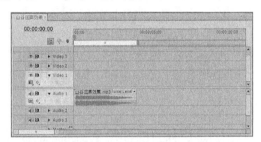

图9-60 拖入音频

图9-61 选择Delay(延迟)特效

07 激活Effect Controls(特效控制)窗口,设置Delay(延迟)特效的Delay(延迟)为0.600,Feedback(反馈)为42.0%,Mix(混合)为31.0%,如图9-62所示。

08 设置完场景,在Program(节目)监视窗口中播放效果,确认无误后,选择File(文件)| Save As(另存为)命令,如图9-63所示。

图9-62 调整特效设置

图9-63 选择Save As(另存为)命令

09 在弹出的对话框中单击"保存"按钮，如图9-64所示。

图9-64 Save Project（保存项目）对话框

10 单击Program（节目）监视窗口中的播放按钮，确认无误后，使用以上实例的导出方法，导出本音频实例。

9.10 本章小结

本章对如何使用Premiere Pro CS6为影视作品添加音频特效、进行音频调整的基本操作进行了详细的介绍。

- 对素材调整增益，可以选择Clip（素材）| Audio Options （音频选项）| Audio Gain（音频增益）命令，在弹出的Audio Gain（音频增益）对话框中调整数值，单击OK按钮。
- 在Audio Mixer（调音台）窗口中，可以实时混合Sequence（序列）窗口中各轨道的音频对象。
- 在Premiere Pro CS6中，对音频的调节分为素材调节和轨道调节。对素材进行调节时，音频的改变仅对当前的音频素材有效，删除素材后调节效果就消失了；而轨道调节针对当前音频轨道进行调节，所有在当前音频轨道上的音频素材都会在调节范围内受到影响。使用实时记录的时候，则只能针对音频轨道进行。
- 在Sequence（序列）窗口中用Selection Tool（选择工具）直接拖动音频的边缘，以改变音频轨迹上音频素材的长度；还可以选择Sequence（序列）窗口中的音频片段，然后右击鼠标，从弹出的快捷菜单中选择Speed/Duration（速度/持续时间）命令，在弹出的Clip Speed/Duration （素材速度/持续时间）对话框中设置音频片段的长度。
- Adobe Premiere Pro CS6中的 Audio Effects（音频特效） 文件夹中包括5.1、Stereo（立体声）和Mono（单声道）三种类型。

9.11 课后习题

1. 选择题

（1）对于一部完整的影片来说，（   ）具有重要的作用，无论是同期的配音还是后期的效果、伴乐，都是一部影片不可缺少的。

　　A. 音频　　　　　　　　　　　　B. 视频

　　C. 人物　　　　　　　　　　　　D. 声音

（2）Audio Mixer（调音台）由若干个控制器组成，下面错误的是（　　）。

  A．轨道音频控制器   B．主音频控制器

  C．播放控制器   D．视频特效控制器

2.填空题

（1）Premiere处理音频有一定的顺序，添加音频效果的时候就要考虑添加的_____。

（2）使用Premiere Pro CS6的_____窗口调节音量非常方便，用户可以在播放音频时实时进行音量调节。

3.判断题

（1）要使用录音功能，不必保证计算机的音频输入装置是否被正确连接。（　　）

（2）在Read（只读）状态下，系统会读取当前音频轨道上的调节效果，同时会记录音频调节过程。（　　）

4.上机操作题

根据本章讲解的内容制作一个"为自己歌声添加伴唱"的效果。

第 10 章
文件的输出

影片制作完成后，想要更多人看到它，就需要对其进行输出，在Premiere Pro CS6程序中可以将影片输出为多种格式，本章将为大家讲解输出影片的方法。

学习要点

- 了解输出影片的方法
- 使用Adobe Media Encoder CS6输出影片

10.1 输出影片

输出影片是节目制作的重要一步，输出影片时要根据需要对输出设置进行调整，把编辑好的影片输出成影视作品。

10.1.1 影片输出类型

Adobe Premiere CS6中提供了多种输出选择，可以将影片输出为不同类型来解决不同的需要，也可以与其他编辑软件进行数据交换。

在菜单栏中选择File（文件）| Export（导出）命令，弹出二级菜单，菜单中包含了Premiere Pro CS6软件支持的输出类型，如图10-1所示。

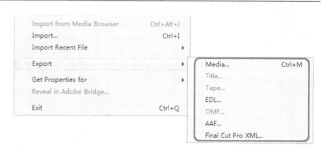

图10-1 输出类型

输出类型的各项说明如下。

- Media（媒体）：打开Export Settings（导出设置）对话框，进行各种格式的媒体输出。
- Title（字幕）：单独输出在Premiere Pro CS6软件中创建的字幕文件。
- Tape（磁带）：通过专业录像设备将编辑完成的影片直接输入到磁带上。
- EDL（编辑决策列表）：输出一个描述剪辑过程的数据文件，可以导入到其他的编辑软件中进行编辑。
- OMF（公开媒体框架）：将整个序列中所有激活的音频轨道输出为OMF格式，可以导入到DigiDesign Pro Tools等软件中继续编辑润色。
- AAF（高级制作格式）：AAF格式可以支持多平台多系统的编辑软件，可以导入到其他的编辑软件中继续编辑，如Avid Media Composer。
- Final Cut Pro XML（Final Cut Pro交换文件）：将剪辑数据转移到苹果平台的Final Cut Pro剪辑软件上继续进行编辑。

10.1.2 输出参数设置

完成后的影片的质量取决于诸多因素。例如，编辑所使用的图形压缩类型，输出的帧速率以及播放影片的计算机系统的速度等。在合成影片前，需要在输出设置中对影片的质量进行相关的设置，输出设置中大部分与项目的设置选项相同。

> **提 示**
>
> 在项目设置中，是针对序列进行的；而在输出设置中，是针对最终输出的影片进行的。

选择不同的编辑格式，可供输出的影片格式和压缩设置等也有所不同，本节以输出一段AVI视频文件为例。

设置输出基本选项的方法如下。

01 选择需要输出的序列，在菜单栏中选择File（文件）| Export（导出）| Media（媒体）命令，弹出Export Settings（导出设置）对话框，如图10-2所示。

图10-2　Export Settings（导出设置）对话框

02 设置输出的数字电影的文件格式，以便适应不同的需要。单击Format（格式）右侧的下三角
按钮，可以在下拉菜单中选择输出使用的媒体格式，如图10-3所示。

图10-3　选择输出格式

🔍 提 示

选中Match Sequence Settings（匹配序列设置）复选框，可以按照创建序列时的参数设置输出文
件，不需另行设置输出参数。

常用的输出格式和相对应的使用路径如下。

（1）AVI：将影片输出为DV格式的数字视频和Windows操作平台数字电影，适合于计算机
本地播放。

（2）AVI（Uncompressed）：输出为不经过任何压缩的Windows操作平台数字电影。

（3）GIF：将影片输出为动态图片文件，适用于网页播放。

（4）H.264、H.264 Blu-ray：输出为高性能视频编码文件，适合输出高清视频和录制蓝光
光盘。

创意大学
Premiere Pro CS6标准教材

（5）F4V、FLV：输出为Flash流媒体格式视频，适合网络播放。

（6）MPEG4：输出为压缩比较高的视频文件，适合移动设备播放。

（7）MPEG2、MPEG2-DVD：输出为MPEG2编码格式的文件，适合录制DVD光盘。

（8）PNG、Targa、TIFF：输出单张静态图片或者图片序列，适合于多平台数据交换。

（9）Waveform Audio：只输出影片声音，输出为WAV格式音频，适合于多平台数据交换。

（10）Windows Media：输出为微软专有流媒体格式，适合于网络播放和移动媒体播放。

03 单击Preset（预设）选项右侧的下三角按钮，弹出下拉菜单，如图10-4所示。

04 在下拉菜单中选择PAL DV（PAL制式，DV品质），单击Output Name（输出名称），弹出Save As（另存为）对话框，设置输出影片的名称和影片的保存路径，单击"保存"按钮，如图10-5所示。

05 在Summary（摘要）区域会显示Output（输出）参数和Source（源素材）参数，如图10-6所示。

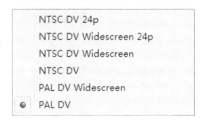

图10-4　Preset（预设）下拉菜单

图10-5　Save As（另存为）对话框

图10-6　Summary（摘要）区域

06 在Summary（摘要）区域下方的Video（视频）选项卡中包含视频的各项设置，如图10-7所示。

07 在Summary（摘要）区域下方的Audio（音频）选项卡中包含音频的各项设置，如图10-8所示。

图10-7　Video（视频）选项卡

图10-8　Audio（音频）选项卡

提 示

如果在项目中调整了某段素材的帧速率，在输出时应选择Use Frame Blending（使用帧混合）复选框，以保证输出文件的播放流畅性。

08 Video（视频）和Audio（音频）参数设置完成后，单击Export（导出）按钮导出文件。

实例：输出影片

源 文 件：	源文件\场景\第7章\"Tumble Away"转场特效.prproj
视频文件：	视频\第7章\"Tumble Away"转场特效.avi

⚑ 运行Premiere Pro CS6程序，在欢迎界面中单击Open Project（打开项目）按钮，如图10-9所示。

⚑ 弹出Open Project（打开项目）对话框，选择随书附带光盘中的"源文件\素材\第10章\文件的输出.prproj"，单击"打开"按钮，如图10-10所示。

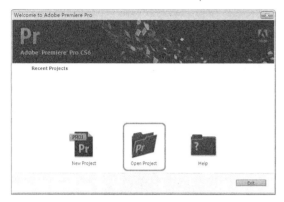

图10-9　单击Open Project（打开项目）按钮　　　　图10-10　选择素材文件

⚑ 打开素材文件后，在Program（节目）监视窗口中单击按钮 ▶ 预览影片，如图10-11所示。

⚑ 在菜单栏中选择File（文件）| Export（导出）| Media（影片）命令，如图10-12所示。

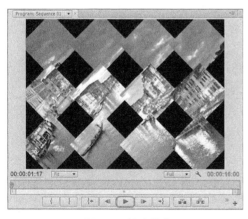

图10-11　播放影片

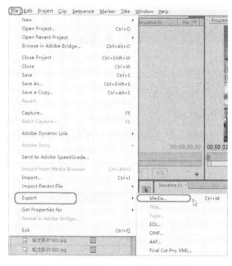

图10-12　选择Media（媒体）命令

⚑ 弹出Export Settings（导出设置）对话框，设置Format（格式）为AVI，Preset（预设）为PAL DV，单击Output Name（输出名称）右侧的文字，弹出Save As（另存为）对话框，设置影片名称为"输出影片"并设置保存路径，如图10-13所示。

⚑ 设置完成后单击"保存"按钮，可以在其他选项中进行更详细的设置，设置完成后单击Export（导出）按钮，影片开始导出，如图10-14所示。

图10-13　设置影片名称和导出路径

图10-14　影片导出进度

07 影片导出完成后，在其他播放器中进行查看，效果如图10-15所示。

图10-15　影片效果

▶ 10.1.3　输出单帧图像

在Adobe Premiere Pro CS6中，可以选择影片中的一帧，将其输出为一张静态图片。输出单帧图像的操作步骤如下。

01 在Program（节目）监视窗口中，将时间线指针移动到00:00:12:00位置，如图10-16所示。

02 在菜单栏中选择File（文件）|Export（导出）|Media（媒体）命令，如图10-17所示。

图10-16　选择帧

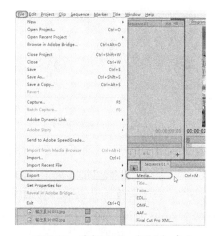

图10-17　选择Media（媒体）命令

03 弹出Export Settings（导出设置）对话框，将Format（格式）设置为JPEG，如图10-18所示，单击Output Name（输出名称）右侧的文字，弹出Save As（另存为）对话框，为其指定名称及存储路径。

04 在Video（视频）选项卡下，取消选中Export As Sequence（导出为图片序列）复选框，如图10-19所示。

图10-18 设置文件输出格式

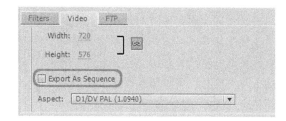

图10-19 取消选中Export As Sequence
（导出为图片序列）复选框

05 设置完成后，单击Export（导出）按钮，单帧图像导出完成，可以在其他看图软件中进行查看。

10.1.4 输出序列文件

Premiere Pro CS6可以将编辑完成的影片合成输出为一组带有序列号的序列图片。输出序列文件的操作方法如下。

01 在Project（项目）窗口中，选择需要输出的序列，然后在菜单栏中选择File（文件）|Export（导出）|Media（媒体）命令，弹出Export Settings（导出设置）对话框。

02 单击Output Name（输出名称）右侧的文字，弹出Save As（另存为）对话框，为其指定名称及存储路径。

03 在Format（格式）选项上单击，在下拉菜单中选择JPEG，也可以选择PNG、TIFF等文件类型，如图10-20所示。

> 🔍 提 示
>
> 输出的静帧序列文件格式包括TIFF、Targa、GIF以及Windows Bitmap等。

04 在Video（视频）选项卡中，选中Export As Sequence（导出为图片序列）复选框，如图10-21所示。

图10-20 设置文件类型

图10-21 选中Export As Sequence（导出为图片序列）复选框

05 设置完成后，单击Export（导出）按钮，对文件进行输出。

10.1.5　输出EDL文件

EDL（编辑决策列表）文件包含了项目中的各种编辑信息，包括项目所使用的素材所在的磁带名称、编号、素材文件的长度、项目中所用的特效及转场等。EDL编辑方式是剪辑中通用的办法，通过它可以在支持EDL文件的不同剪辑系统中交换剪辑内容，不需要重新剪辑。

电视节目（如电视连续剧等）的编辑工作经常会采用EDL编辑方式。在编辑过程中，可以先将素材采集成画质较差的文件，对这个文件进行剪辑，能够降低计算机的负荷并提高工作效率。剪辑工作完成后，将剪辑过程输出成EDL文件，并将素材重新采集成画质较高的文件，导入EDL文件并进行最终成片的输出。

> **提示**
>
> EDL文件虽然能记录特效信息，但由于不同的剪辑系统对特效的支持并不相同，其他的剪辑系统有可能无法识别在Adobe Premiere Pro CS6中添加的特效信息，使用EDL文件时需要注意，不同的剪辑系统之间的序列初始化设置应该相同。

在菜单栏中选择File（文件）| Export（导出）| EDL（编辑决策列表）命令，弹出EDL Export Settings（EDL导出设置）对话框，如图10-22所示。

对话框中各项参数的说明如下。

图10-22　EDL Export Settings（EDL导出设置）对话框

- EDL Title（EDL标题）：设置EDL文件第一行内的标题。
- Start Timecode（起始时间码）：设置序列中第一个编辑的起始时间码。
- Include Video Levels（包含视频等级）：在EDL中包含视频等级注释。
- Include Audio Levels（包含音频等级）：在EDL中包含音频等级注释。
- Audio Processing（音频处理）：设置音频的处理方式，包含三个选项，即Audio Follows Video（在视频处理之后）、Audio Separately（单独处理音频）和Audio At End（最后处理音频）。
- Tracks To Export（导出的轨道）：设定导出的轨道。

设置完成后，单击OK按钮，即可将当前序列中被选择轨道的剪辑数据导出为*.EDL文件。

10.2　使用Adobe Media Encoder CS6输出

Adobe Media Encoder CS6可以输出单个项目或者批量输出多个项目，还可以添加、更改批处理队列中文件的编码设置或排列顺序。

10.2.1　输出到Adobe Media Encoder CS6

01 在菜单栏中选择File（文件）| Export（导出）| Media（媒体）命令，弹出Export Settings（导

出设置）对话框，在该对话框中单击Queue（队列）按钮，启动Adobe Media Encoder CS6，如图10-23所示。

02 当前Export Settings（导出设置）窗口中的输出任务会被自动输入到Adobe Media Encoder CS6中，如图10-24所示。

图10-23　启动界面

图10-24　Adobe Media Encoder CS6界面

▶ 10.2.2　切换中文界面

Adobe Media Encoder CS6支持中文简体界面，切换至中文界面的具体操作步骤如下。

01 在Adobe Media Encoder CS6界面的菜单栏中，选择Edit（编辑）| Preferences（首选项）命令，如图10-25所示。

02 弹出Preferences（首选项）对话框，在左侧的选项组中选择Appearance（外观）选项，在Language（语言）下拉列表中选择"简体中文"选项，如图10-26所示。

图10-25　选择Preferences（首选项）命令

图10-26　选择语言

03 设置完成后，单击OK按钮，然后重新启动Adobe Media Encoder CS6程序，即可显示中文界面，如图10-27所示。

图10-27　Adobe Media Encoder CS6中文界面

"队列"选项卡中的各按钮说明如下。

- "添加源"按钮 ：添加一段新的视频或者音频文件到任务列表中。
- "添加输出"按钮 ：添加一个新的输出任务到任务列表中。
- "移除"按钮 ：删除当前任务列表中的任务。
- "复制"按钮 ：复制当前任务列表中的任务。
- "停止队列"按钮 ：停止当前正在进行输出的任务。
- "启动队列"按钮 ：启动当前列表中的输出任务。

▶ 10.2.3　批量输出

当一个项目需要多次输出时，可以在Adobe Media Encoder CS6中完成。在Adobe Premiere Pro CS6的Export Settings（导出设置）对话框中，单击Queue（队列）按钮，可以将编辑完成的输出任务输出至Adobe Media Encoder CS6中。当一个项目需要进行多个任务输出时，重复前面的步骤可以将多个输出任务都输入到Adobe Media Encoder CS6中，如图10-28所示。

图10-28　批量输出

10.3 本章小结

在本章中介绍了媒体输出的方法和输出工具Adobe Media Encoder CS6的使用方法及其转换至中文界面和批量输出的方法。

- 在Adobe Premiere CS6中提供了多种输出选择，可以将影片输出为不同类型来解决不同的需要，可以与其他编辑软件进行数据交换。
- 在菜单栏中选择File（文件）| Export（导出）命令，弹出子菜单，菜单中包含了Premiere Pro CS6软件支持的输出类型。
- 在菜单栏中选择File（文件）| Export（导出）| Media（媒体）命令，弹出Export Settings（导出设置）对话框，在该对话框中单击Queue（队列）按钮，启动Adobe Media Encoder CS6。

10.4 课后习题

1. 选择题

（1）Export（导出）命令的快捷键为（　）

    A．Ctrl+I   B．Ctrl+V

    C．Shift+I   D．Ctrl+M

（2）选择不同的编辑格式，输出影片的（　）和压缩设置等也有所不同，

    A．存储路径   B．格式

    C．形式   D．大小

2. 填空题

（1）在项目设置中，是针对序列进行的；而在＿＿＿＿＿＿＿中，是针对最终输出的影片进行的。

（2）如果在项目中调整了某段素材的帧速率，在输出时应选择＿＿＿＿＿＿＿复选框，以保证输出文件的播放流畅性。

3. 判断题

（1）选中Match Sequence Settings（匹配序列设置）复选框，可以按照创建序列时的参数设置输出文件，不需另行设置输出参数。（　）

（2）输出的静帧序列文件格式包括TIFF、Targa、GIF以及Windows Bitmap等。（　）

4. 上机操作题

利用前面基础内容，制作一段自己的影片，并将其输出为不同的格式。

第11章
综合案例

本章将根据前面所讲述的知识来制作两个不同的案例，其中包括"时尚家居"和"旅游片头"。通过本章的学习，可以使读者对视频编辑工作的完整操作流程加以巩固，其中包括素材编辑、特效处理、字幕制作、添加背景音乐以及输出等。

学习要点

- 制作综合案例"时尚家居"
- 制作综合案例"旅游片头"

11.1 时尚家居

源 文 件：	源文件\场景\第11章\时尚家居.prproj
视频文件：	视频\第11章\时尚家居.avi

下面将通过添加几种视频特效来实现照片的另一种表现形式，其完成效果如图11-1所示，具体操作步骤如下。

图11-1 完成效果

01 启动Premiere Pro CS 6软件，新建项目文件，将其命名为"时尚家居"，并选择保存路径，然后单击OK按钮，如图11-2所示。

02 弹出New Sequence（新建序列）窗口，直接单击OK按钮即可，如图11-3所示。

图11-2 新建项目文件

图11-3 单击OK按钮

03 在Project（项目）窗口中的空白处双击鼠标左键，如图11-4所示。

04 弹出Import（导入）对话框，在弹出的Import（导入）对话框中选择随书附带光盘中"源文件\素材\第11章\时尚家居"，打开文件夹并选择全部文件，单击"打开"按钮，如图11-5所示。

05 在Project（项目）窗口中，将"001.jpg"拖至Sequence（序列）窗口中Video 1（视频1）轨道上，并将其开始时间设置为00:00:00:00，如图11-6所示。

06 在Sequence（序列）窗口中选择"001.jpg"文件并单击鼠标右键，在弹出的快捷菜单中选择Speed/Duration（速度/持续时间）命令，如图11-7所示。

图11-4 双击空白处

图11-5 选择文件

图11-6 拖入素材

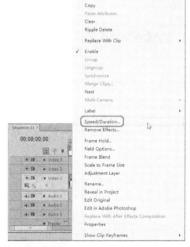

图11-7 选择Speed/Duration（速度/持续时间）命令

07 在打开的Clip Speed/Duration（素材速度/持续时间）对话框中，将Duraion（持续时间）设置为00:00:22:19，单击OK按钮，如图11-8所示。

08 在Sequence（序列）窗口选择Video 1（视频1）轨道上的"001.jpg"，打开Effect Controls（特效控制）窗口，将Scale（比例）设置为75.0，如图11-9所示。

图11-8 设置持续时间

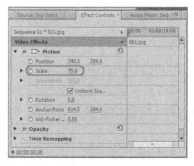

图11-9 设置比例

09 在Project（项目）窗口中，将"002.jpg"文件拖至Sequence（序列）窗口中Video 2（视频2）轨道上，并将其开始时间设置为00:00:00:00，如图11-10所示。

10 在Sequence（序列）窗口中选择"002.jpg"并单击鼠标右键，在弹出的快捷菜单中选择Speed/
Duration（速度/持续时间）命令，如图11-11所示。

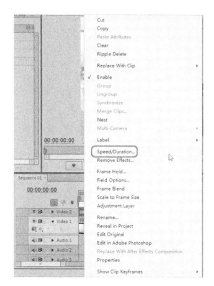

图11-10　拖入素材　　　　　图11-11　选择Speed/Duration（速度/持续时间）命令

11 在打开的Clip Speed/Duration（素材速度/持续时间）对话框中，将Duraion（持续时间）设置
为00:00:05:12，单击OK按钮，如图11-12所示。

12 在Sequence（序列）窗口中选择拖入的"002.jpg"，打开Effect Controls（特效控制）窗口，
在确定时间线指针在00:00:00:00位置后，单击Position（位置）左侧的Toggle animation（切换
动画）按钮，打开动画关键帧的记录，并将Position（位置）设置为-420.0、288.0，将Scale
（比例）设置为75.0，如图11-13所示。

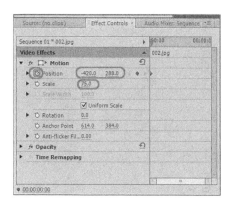

图11-12　设置持续时间　　　　　　　　图11-13　设置第一处关键帧

13 在Effect Controls（特效控制）窗口中，将时间设置为00:00:05:11，将Position（位置）设置为
360.0、288.0，系统将会自动添加一处关键帧，效果如图11-14所示。

14 在Effects（特效）窗口中选择Video Effects（视频特效）| Generate（生成）| Circle（圆形）特
效，将其拖入Video 2（视频2）轨道中的"002.jpg"上，如图11-15所示。

15 在Sequence（序列）窗口中选择"002.jpg"，打开Effect Controls（特效控制）窗口，将时
间线指针定位到00:00:03:00位置。在Circle（圆形）选项组中，单击Radius（半径）左侧的

Toggle animation（切换动画）按钮，将Radius（半径）设置为0.0，将Color（颜色）的RGB
值设置为239、46、219，将Opacity（透明度）设置为45.0%，将Blending Mode（混合模式）
设置为Normal（正常），如图11-16所示。

图11-14　设置第二处关键帧

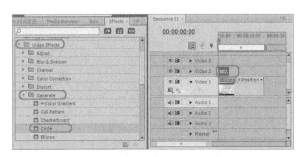

图11-15　添加Circle（？）特效

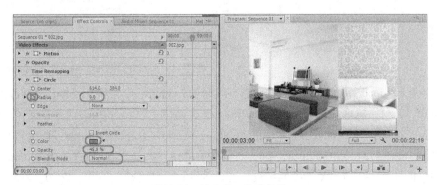

图11-16　设置第一处关键帧

16　将时间线指针定位到00:00:05:12位置。在Circle（圆形）选项组中，将Radius（半径）设置为
650.0，完成第二处关键帧的设置，如图11-17所示。

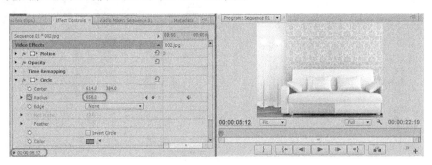

图11-17　设置第二处关键帧

17　在Project（项目）窗口中，将"003.jpg"文件拖至Sequence（序列）窗口中Video 3（视频3）
轨道上，并将其开始时间设置为00:00:05:12，如图11-18所示。

18　在Sequence（序列）窗口中选择"003.jpg"并单击鼠标右键，在弹出的快捷菜单中选择Speed/
Duration（速度/持续时间）命令。

19　在打开的Clip Speed/Duration（素材速度/持续时间）对话框中，将Duraion（持续时间）设置
为00:00:05:12，单击OK按钮，如图11-19所示。

图11-18 拖入素材　　　　　　　　　　　　　　　图11-19 设置持续时间

20 在Sequence（序列）窗口中选择拖入的"003.jpg"，打开Effect Controls（特效控制）窗口，在确定时间线指针在00:00:05:12位置后，单击Position（位置）左侧的Toggle animation（切换动画）按钮，打开动画关键帧的记录，并将Position（位置）设置为1150.0、288.0，将Scale（比例）设置为75.0，如图11-20所示。

21 在Effect Controls（特效控制）窗口中，将时间设置为00:00:10:24，将Position（位置）设置为360.0、288.0，系统将会自动添加一处关键帧，效果如图11-21所示。

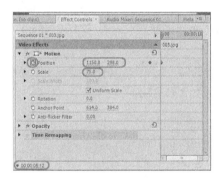

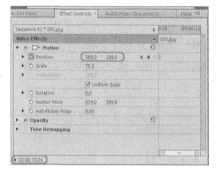

图11-20 设置第一处关键帧　　　　　　　　　　　图11-21 设置第二处关键帧

22 在Effects（特效）窗口中选择Video Effects（视频特效）| Generate（生成）| Grid（栅格）特效，如图11-22所示，将其拖入Video 3（视频3）轨道中的"003.jpg"上。

23 在Sequence（序列）窗口中选择"003.jpg"，打开Effect Controls（特效控制）窗口，在Grid（栅格）选项组中，将Border（边框）设置为4.0，将Blending Mode（混合模式）设置为Normal（正常），如图11-23所示。

图11-22 Grid（栅格）特效　　　　　　　　　　　图11-23 设置参数

24 在Project（项目）窗口中，将"004.jpg"文件拖至Sequence（序列）窗口中Video 4（视频4）轨道上，并将其开始时间设置为00:00:10:24，如图11-24所示。

25 在Sequence（序列）窗口中选择"004.jpg"并单击鼠标右键，在弹出的快捷菜单中选择Speed/Duration（速度/持续时间）命令。

26 在打开的Clip Speed/Duration（素材速度/持续时间）对话框中，将Duraion（持续时间）设置为00:00:05:12，单击OK按钮，如图11-25所示。

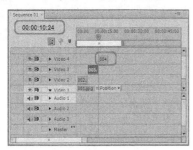

图11-24　拖入素材

图11-25　设置持续时间

27 在Sequence（序列）窗口中选择拖入的"004.jpg"，打开Effect Controls（特效控制）窗口，在确定时间线指针在00:00:10:24位置后，单击Position（位置）左侧的Toggle animation（切换动画）按钮，打开动画关键帧的记录，并将Position（位置）设置为-420.0、288.0，将Scale（比例）设置为75.0，如图11-26所示。

28 在Effect Controls（特效控制）窗口中，将时间设置为00:00:16:11，将Position（位置）设置为360.0、288.0，系统将会自动添加一处关键帧，效果如图11-27所示。

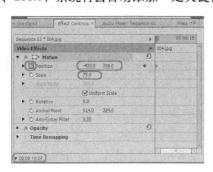

图11-26　设置第一处关键帧

图11-27　设置第二处关键帧

29 在Effects（特效）窗口中选择Video Effects（视频特效）| Generate（生成）| Lens Flare（镜头光晕）特效，如图11-28所示，将其拖入Video 4（视频4）轨道中的"004.jpg"上。

30 在Sequence（序列）窗口中选择"004.jpg"，打开Effect Controls（特效控制）窗口，将时间线指针定位在00:00:10:24位置，在Lens Flare（镜头光晕）选项组中，将Flare Center（耀斑中心）设置为1154.0、108.9，单击Flare Brightness（耀斑亮度）左侧的Toggle animation（切换动画）按钮，将Flare Brightness（耀斑亮度）设置为30%，如图11-29所示。

31 在Effect Controls（特效控制）窗口，将时间线指针定位在00:00:16:11位置，在Lens Flare（镜头光晕）选项组中，将Flare Brightness（耀斑亮度）设置为150%，如图11-30所示。

32 在Project（项目）窗口中，将"005.jpg"文件拖至Sequence（序列）窗口中Video 5（视频5）轨道上，并将其开始时间设置为00:00:16:11，如图11-31所示。

图11-28　Lens Flare（镜头光晕）特效

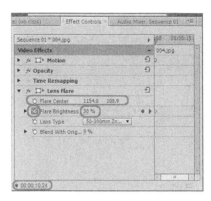

图11-29　设置第一处关键帧

图11-30　设置第二处关键帧

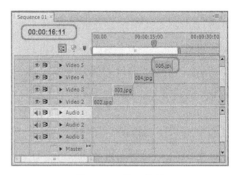

图11-31　拖入素材

[33] 在Sequence（序列）窗口中选择"005.jpg"并单击鼠标右键，在弹出的快捷菜单中选择Speed/
Duration（速度/持续时间）命令。

[34] 在打开的Clip Speed/Duration（素材速度/持续时间）对话框中，将Duraion（持续时间）设置
为00:00:05:12，单击OK按钮，如图11-32所示。

[35] 在Sequence（序列）窗口中选择拖入的"005.jpg"，打开Effect Controls（特效控制）窗口，
在确定时间线指针在00:00:16:11位置后，单击Position（位置）左侧的Toggle animation（切换
动画）按钮，打开动画关键帧的记录，并将Position（位置）设置为360.0、-288.0，将Scale
（比例）设置为75.0，如图11-33所示。

图11-32　设置持续时间

图11-33　设置第一处关键帧

[36] 在Effect Controls（特效控制）窗口中，将时间设置为00:00:21:23，将Position（位置）设置为
360.0、288.0，系统将会自动添加一处关键帧，效果如图11-34所示。

③⑦ 在Effects（特效）窗口中选择Video Effects（视频特效）| Stylize（风格化）| Find Edges（查找边缘）特效，如图11-35所示，将其拖入Video 5（视频5）轨道中的"005.jpg"上。

图11-34　设置第二处关键帧

图11-35　Find Edges（查找边缘）特效

③⑧ 在Sequence（序列）窗口中选择"005.jpg"，打开Effect Controls（特效控制）窗口，在Find Edges（查找边缘）选项组中将Blend With Original（混合原始素材）设置为50%，如图11-36所示。

③⑨ 在Project（项目）窗口中，将"006.jpg"文件拖至Sequence（序列）窗口中Video 6（视频6）轨道上，并将其开始时间设置为00:00:21:23，如图11-37所示。

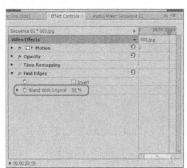

图11-36　设置参数

图11-37　拖入素材

④⓪ 在Sequence（序列）窗口中选择"006.jpg"并单击鼠标右键，在弹出的快捷菜单中选择Speed/Duration（速度/持续时间）命令。

④① 在打开的Clip Speed/Duration（素材速度/持续时间）对话框中，将Duraion（持续时间）设置为00:00:05:12，单击OK按钮，如图11-38所示。

④② 在Sequence（序列）窗口中选择拖入的"006.jpg"，打开Effect Controls（特效控制）窗口，在确定时间线指针在00:00:21:23位置后，单击Position（位置）左侧的Toggle animation（切换动画）按钮⊠，打开动画关键帧的记录，并将Position（位置）设置为360.0、860.0，将Scale（比例）设置为75.0，如图11-39所示。

④③ 在Effect Controls（特效控制）窗口中，将时间设置为00:00:27:10，将Position（位置）设置为360.0、288.0，系统将会自动添加一处关键帧，效果如图11-40所示。

④④ 在Effects（特效）窗口中选择Video Effects（视频特效）| Generate（生成）| Ramp（渐变）特效，如图11-41所示，将其拖入Video 6（视频6）轨道中的"006.jpg"上。

图11-38 设置持续时间

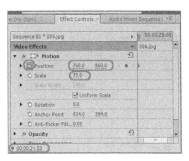

图11-39 设置第一处关键帧

图11-40 设置第二处关键帧

图11-41 Ramp（渐变）特效

45 在Sequence（序列）窗口中选择"006.jpg"，打开Effect Controls（特效控制）窗口，将时间设定到00:00:21:23。在Ramp（渐变）选项组中，分别单击Start Color（起始颜色）、End Color（终止颜色）左侧的Toggle animation（切换动画）按钮；将Start Color（起始颜色）的RGB值设置为80、186、75；将End Color（终止颜色）的RGB值设置为194、217、38；将Blend With Original（混合原始素材）设置为50.0%；如图11-42所示。

46 在Effect Controls（特效控制）窗口中，将时间设定到00:00:27:10。在Ramp（渐变）选项组中，将Start Color（起始颜色）的RGB值设置为194、217、38；将End Color（终止颜色）的RGB值设置为80、186、75；如图11-43所示。

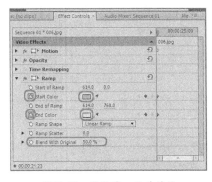

图11-42 设置第一处关键帧

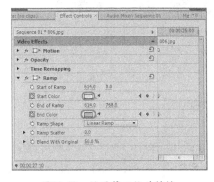

图11-43 设置第二处关键帧

47 在Project（项目）窗口中的空白处，单击鼠标右键，在弹出的快捷菜单中选择New Item（新建分项）| Title（字幕）命令，系统弹出New Title（新建字幕）对话框，将其命名为"时尚家居"，然后单击OK按钮，如图11-44所示。

48 弹出字幕编辑器，单击Type Tool（文字工具）按钮T，在Title（字幕）窗口中输入"时尚家居"，将Font Family（字体）设置为STHupo，将Font Size（字体大小）设置为85.0，如图11-45所示。

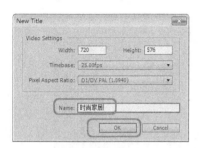

图11-44　新建字幕

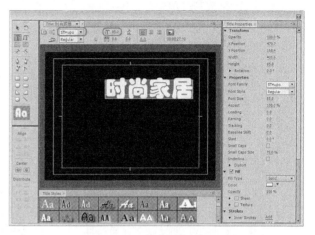

图11-45　输入文字

49 在字幕编辑器中单击Horizontal Center（水平居中）按钮，使文字水平居中；再单击Selection Tool（选择工具）按钮，对文字的位置进行微调；调整完成后，效果如图11-46所示。

50 在Project（项目）窗口中，将"时尚家居"字幕拖至Sequence（序列）窗口中Video 7（视频7）轨道上，将其开始时间设置为00:00:25:00，如图11-47所示。

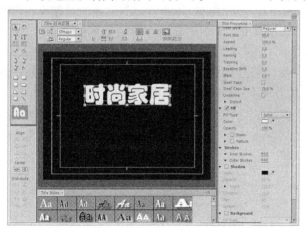

图11-46　调整文字位置

图11-47　拖入字幕

51 在Sequence（序列）窗口中选择"时尚家居"并单击鼠标右键，在弹出的快捷菜单中选择Speed/Duration（速度/持续时间）命令。

52 在打开的Clip Speed/Duration（素材速度/持续时间）对话框中，将Duraion（持续时间）设置为00:00:05:12，单击OK按钮，如图11-48所示。

53 在Sequence（序列）窗口中选择"时尚家居"，打开Effect Controls（特效控制）窗口，在确定时间线指针在00:00:25:00位置后，单击Position（位置）左侧的Toggle animation（切换动画）按钮，打开动画关键帧的记录，并将Position（位置）设置为360.0、45.0，如图11-49所示。

图11-48 设置持续时间

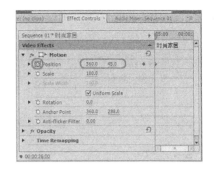

图11-49 设置第一处关键帧

在Effect Controls（特效控制）窗口中，将时间设置为00:00:27:10，将Position（位置）设置为360.0、288.0，系统将会自动添加一处关键帧，效果如图11-50所示。

在Project（项目）窗口中，将"007.jpg"文件拖至Sequence（序列）窗口 Video 1（视频1）轨道中"001.jpg"的结尾处，如图11-51所示。

图11-50 设置第二处关键帧

图11-51 拖入素材

在Sequence（序列）窗口中选择"007.jpg"并单击鼠标右键，在弹出的快捷菜单中选择Speed/Duration（速度/持续时间）命令。

在打开的Clip Speed/Duration（素材速度/持续时间）对话框中，将Duraion（持续时间）设置为00:00:07:18，单击OK按钮，如图11-52所示。

在Sequence（序列）窗口中选择拖入的"007.jpg"，打开Effect Controls（特效控制）窗口，在确定时间线指针在00:00:22:19位置后，单击Position（位置）选项左侧的Toggle animation（切换动画）按钮，打开动画关键帧的记录，并将Position（位置）设置为360.0、-288.0，将Scale（比例）设置为75.0，如图11-53所示。

图11-52 设置持续时间

图11-53 设置第一处关键帧

59 在Effect Controls（特效控制）窗口中，将时间设置为00:00:25:00，将Position（位置）设置为360.0、288.0，系统将会自动添加一处关键帧，效果如图11-54所示。

60 在Project（项目）窗口中的空白处双击鼠标左键，弹出Import（导入）对话框，选择随书附带光盘中的"源文件\素材\第11章\时尚.mp3"，单击"打开"按钮，如图11-55所示。

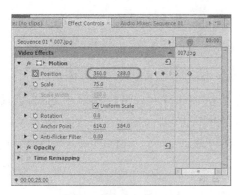

图11-54　设置第二处关键帧　　　　　　　　图11-55　选择文件

61 在Project（项目）窗口中，将"时尚.mp3"拖至Sequence（序列）窗口中Audio 1（音频1）轨道上，并将其开始时间设置为00:00:00:00，如图11-56所示。

62 在Sequence（序列）窗口中选择"时尚.mp3"文件并单击鼠标右键，在弹出的快捷菜单中选择Speed/Duration（速度/持续时间）命令。

63 在打开的Clip Speed/Duration（素材速度/持续时间）对话框中，断开链接，将Speed（速度）设置为100%，将Duraion（持续时间）设置为00:00:30:12，单击OK按钮，如图11-57所示。

图11-56　拖入素材　　　　　　图11-57　设置Speed（速度）和Duraion（持续时间）

64 至此本例制作完成，单击Program（节目）监视窗口中的播放按钮 ▶ ，观看效果。

65 下面将制作完成的项目以多媒体的格式进行导出。在菜单栏中选择File（文件）| Export（导出）| Media（媒体）命令，如图11-58所示。

66 弹出Export Settings（导出设置）对话框，单击Output Name（输出名称）右侧的名称，如图11-59所示。

67 弹出Save As（另存为）对话框，选择新的保存路径，输入新的文件名"时尚家居"，然后单击"保存"按钮，如图11-60所示。

68 返回Export Settings（导出设置）对话框，单击Export（导出）按钮，即可将项目以多媒体文件的格式进行导出，如图11-61所示。

图11-58　选择命令

图11-59　进行导出设置

图11-60　选择保存路径和重命名

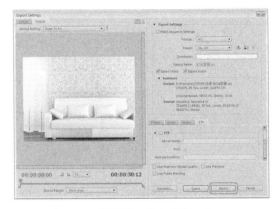

图11-61　导出文件

11.2　旅游片头

源　文　件：	源文件\场景\第11章\旅游片头.prproj
视频文件：	视频\第11章\旅游片头.avi

本例介绍怎样制作一个旅游宣传片的片头，其中主要应用到了对序列的嵌套，然后再通过关键帧，使图像与字幕和谐搭配，从而产生视频效果，本例效果如图11-62所示。

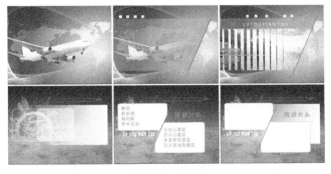

图11-62　效果图

275

▶ 11.2.1 新建序列和导入素材

本节将介绍新建项目序列，并将素材导入到操作界面中，具体的操作如下。

01 运行Premiere Pro CS6，在欢迎界面中单击New Project（新建项目）按钮，在New Project（新建项目）对话框中，选择项目的保存路径，对项目名称进行命名，单击OK按钮，如图11-63所示。

02 进入New Sequence（新建序列）对话框中，在Sequence Presets（序列设置）选项卡中的Available Presets（有效预置）区域下选择DV-PAL | Standard 48kHz选项，对Sequence Name（序列名称）进行命名，单击OK按钮，如图11-64所示。

图11-63　新建项目

图11-64　新建序列

03 新建空白文档，按Ctrl+I组合键，在弹出的对话框中选择随书附带光盘中的"源文件\素材\第11章"文件夹中如图所示的素材文件，单击"打开"按钮导入素材，如图11-65所示。

04 导入的"第11章"文件夹中包括PSD文件，所以在导入的过程中会弹出Import Layered File 001（导入分层文件：001）对话框，将Import As（导入为）定义为Individual Layers（单个图层），单击OK按钮，如图11-66所示，将后面的PSD文件Import As（导入为）定义为Individual Layers（单个图层）。

05 对导入的素材文件"图层0/图像1.psd"至"图层0/图像7.psd"重新命名。

图11-65　导入素材

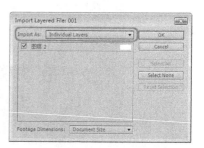

图11-66　设置分层文件

11.2.2　创建字幕

下面将介绍创建字幕的方法，其具体的操作步骤如下。

01 按下Ctrl+T键，新建Title 01（字幕01），进入字幕编辑器，使用Ellipse Tool（椭圆工具）在Title（字幕）窗口中创建椭圆形状。在Title Properties（字幕属性）窗口中的Transform（变换）选项组中，设置Width（宽度）、Height（高度）分别为4.5、500.0，将Rotation（旋转）设置为24.5°，将X Position（X位置）、Y Position（Y位置）分别设置为537.0、241.0；在Fill（填充）选项组中，设置Color（颜色）为红色，如图11-67所示。

02 单击New Title Based on Current Titl（基于当前字幕新建字幕）按钮，新建Title 02（字幕02），将Title（字幕）窗口中的椭圆形状删除，使用Type Tool（文字工具），在Title（字幕）窗口中输入"LVYOUPIANTOU"，将其选中，在Title Properties（字幕属性）窗口中，设置Properties（属性）选项组中的Font Family（字体）为Gisha，将Font Size（字体大小）设置为30.0，将Kerning（字距）设置为10.0；设置Fill（填充）选项组中的Color（颜色）为白色；在Transform（变换）选项组下，设置X Position（X位置）、Y Position（Y位置）分别为347.0、105.0，如图11-68所示。

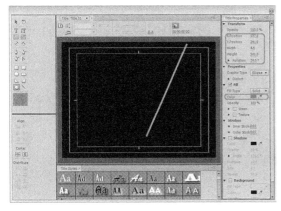

图11-67　创建并设置Title01（字幕01）

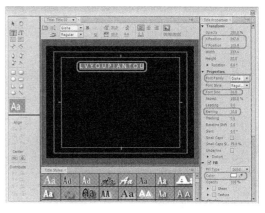

图11-68　创建并设置Title02（字幕02）

03 新建Title 03（字幕03），将Title（字幕）窗口中的内容删除，使用Vertical Type Tool（垂直文字工具），在Title（字幕）窗口中输入"旅游片头"，将其选中，在Title Properties（字幕属性）窗口中，将Properties（属性）选项组中的Font Family（字体）设置为HYYuan Diej，将Font Size（字体大小）设置为35.0，将Kerning（字距）设置为10.0；设置Fill（填充）选项组中的Fill Type（填充类型）为Radial Gradient（放射渐变），双击第一个色块，在弹出的对话框中设置R、G、B为255、198、0，单击OK按钮，以同样的方法设置第二个色块的R、G、B为255、0、0；在Transform（变换）选项组下，设置X Position（X位置）、Y Position（Y位置）分别为725.0、340.0，如图11-69所示。

04 新建Title 04（字幕04），将Title（字幕）窗口中的内容删除，使用Rectangle Tool（矩形工具），在Title（字幕）窗口中创建一个矩形。在Title Properties（字幕属性）窗口中，在Transform（变换）选项组下，设置Width（宽度）、Height（高度）分别为20.0，设置X Position（X位置）、Y Position（Y位置）分别为122.0、241.0；在Fill（填充）选项组中，设置Fill Type（填充类型）为Solid（实色），将Color（颜色）设置为白色，如图11-70所示。

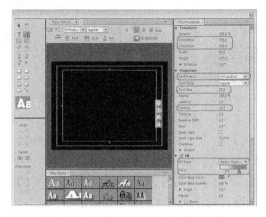

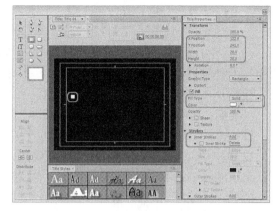

图11-69　创建并设置Title 03（字幕03）　　　　图11-70　创建并设置Title 04（字幕04）

05 新建Title 05（字幕05），将Title（字幕）窗口中的内容删除，使用Rounded Corner Rectangle Tool（圆角矩形工具）🔲，在Title（字幕）窗口中创建圆角矩形，在Title Properties（字幕属性）窗口中，在Transform（变换）选项组下设置Width（宽度）、Height（高度）分别为281.0、236.0，将X Position（X位置）、Y Position（Y位置）分别设置为144.0、287.0；在Properties（属性）选项组下，设置Graphic Type （图形类型）为Closed Bezier（关闭贝赛尔曲线），将Line Width（线宽）设置为2.0；在Fill（填充）选项组下，设置Color（颜色）为白色，如图11-71所示。

06 使用同样的方法，新建Title 06（字幕06），将其矩形的颜色设置为黄色并改变其位置。

07 新建Title 07（字幕07），选择Title（字幕）窗口中的圆角矩形，在Title Properties（字幕属性）窗口中，设置Properties（属性）选项组中的Graphic Type （图形类型）为Filled Bezier（填充贝赛尔曲线）；设置Fill（填充）选项组中的Color（颜色）为白色，将Opacity（透明度）设置为50%；添加一处Outer Strokes（外侧边），设置Size（尺寸）为2.0，并设置Color（颜色）为黄色，如图11-72所示。

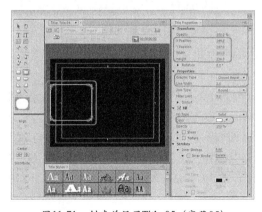

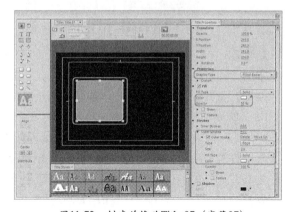

图11-71　创建并设置Title 05（字幕05）　　　　图11-72　创建并修改Title 07（字幕07）

08 新建Title 08（字幕08），选中Title（字幕）窗口中的圆角矩形，选中Fill（填充）选项组中的Texture（纹理）复选框，单击Texture（纹理）右侧的 ，在打开的对话框中选择随书附带光盘"源文件\素材\第11章\素材1.jpg"，单击"打开"按钮，即可将选择的素材文件填充到距形框中，如图11-73所示。

09 新建Title 09（字幕09），将Title（字幕）窗口中的内容删除，使用Type Tool（文字工具）
T，在Title（字幕）窗口中输入"LV YOU PIAN TOU"，在Title Properties（字幕属性）窗
口中，设置Properties（属性）选项组中的Font Family（字体）为HYHuPoj，将Font Size（字
体大小）设置为30.0，将Aspect（纵横比）设置为45.0%，将Tracking（跟踪）设置为20.0；
在Transform（变换）选项组下，设置X Position（X位置）为123.0，Y Position（Y位置）为
360.0；取消Fill（填充）选项组下Texture（纹理）复选框的选中状态，设置Opacity（透明
度）为100%，如图11-74所示。

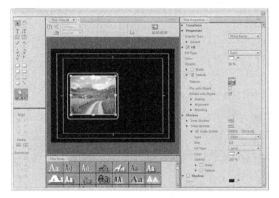

图11-73 创建并设置Title 08（字幕08）

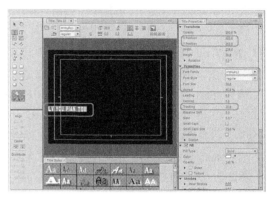

图11-74 创建并设置Title 09（字幕09）

10 新建Title 10（字幕10），删除Title（字幕）窗口中的文字，使用Rounded Corner Rectangle
Tool（圆角矩形工具），在Title（字幕）窗口中创建一个圆角矩形，在Title Properties（字
幕属性）窗口中，设置Properties（属性）选项组中的Fillet Size（圆角大小）为5.0%；在
Strokes（描边）选项组下，设置Size（尺寸）为2.0，将Color（颜色）的RGB设置为0、126、
255；在Transform（变换）选项组下，设置Width（宽度）、Height（高度）分别为373.0、
222.0，将X Position（X位置）、Y Position（Y位置）分别设置为555.0、374.0，如图11-75
所示。

11 新建Title 11（字幕11），选中Title（字幕）窗口中的圆角矩形，在Title Properties（字幕属
性）窗口中，设置Width（宽度）、Height（高度）分别为367.0、197.0，设置X Position（X位
置）、Y Position（Y位置）分别设置为235.0、132.0，如图11-76所示。

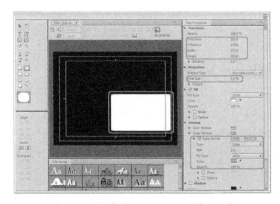

图11-75 创建并设置Title 10（字幕10）

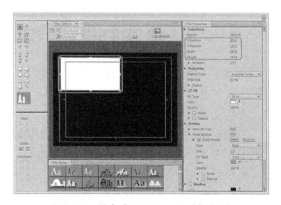

图11-76 创建并设置Title 11（字幕11）

12 新建Title 12（字幕12），将Title（字幕）窗口中的内容删除，使用Type Tool（文字工具）T，

在Title（字幕）窗口中输入文字。在Title Properties（字幕属性）窗口中，设置Properties（属性）选项组中的Font Family（字体）为Microsoft YaHei，将Font Size（字体大小）设置为30.0，将Aspect（纵横比）设置为100%，将Leading（行距）设置为8.0，将Tracking（跟踪）设置为20.0；在Fill（填充）选项组下，设置Color（颜色）的RGB值为0、126、255；选中Shadow（阴影）复选框，将Color（颜色）设置为白色，设置Opacity（透明度）为65%，设置Angle（角度）为-205.0°，设置Distance（距离）为0.0，设置Size（尺寸）为0.0，设置Spread（扩散）为35.0；在Transform（变换）选项组下，设置X Position（X位置）为170.0，Y Position（Y位置）为200.0，如图11-77所示，使用同样的方法设置另一组文本，然后调整一下位置。

13 新建Title 13（字幕13），将Title（字幕）窗口中的内容删除，使用Type Tool（文字工具）![T]，在Title（字幕）窗口中输入"旅游片头"，在Title Properties（字幕属性）窗口中，设置Properties（属性）选项组中的Font Family（字体）为Microsoft YaHei，Font Size（字体大小）为45.0，Kerning（字距）为8.0，Tracking（跟踪）设置为0.0；在Fill（填充）选项组下，设置Color（颜色）的RGB值为0、126、255；取消Shadow（阴影）复选框的选中状态；在Transform（变换）选项组下，设置X Position（X位置）为555.0，Y Position（Y位置）为200.0，如图11-78所示。

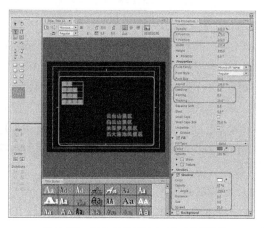
图11-77　创建并设置Title 12（字幕12）

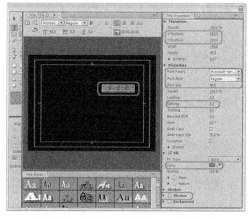
图11-78　创建并设置Title 13（字幕13）

11.2.3　设置"旅游片头"序列

下面将介绍怎样设置"旅游片头"序列，其具体操作步骤如下。

01 设置完成后关闭字幕编辑器，在菜单栏中选择Sequence（序列）| Add Tracks（添加轨道）命令，设置Video Tracks（视频轨道）下的Add（添加）为6.0，设置当前时间为00:00:06:15，将"背景.jpg"文件拖至"旅游片头"序列窗口Video 1（视频1）轨道中，将其结束处与时间线指针对齐，如图11-79所示，右击该文件，在弹出的快捷菜单中选择Scale to frame Size（适配为当前画面大小）命令。

02 确定"背景.jpg"文件被选中的情况下，为该文件添加Lighting Effects（照明效果）特效，设置当前时间为00:00:00:00，打开Effect Controls（特效控制）窗口，设置Lighting Effects（照明效果）选项组下Light 1（光照1）下的Light Type（灯光类型）为Omni（全光源），设置

Light Color（照明颜色）为白色，设置Center（中心）为1.2、669.5，并单击其左侧的Toggle animation（切换动画）按钮 ，打开动画关键帧的记录；将Major Radius（主要半径）设置为10.0，打开动画关键帧的记录；设置Light 2（光照2）下的Light Type（灯光类型）为Omni（全光源），设置Light Color（照明颜色）的RGB值为250、240、170，设置Center（中心）1397.5、228.0，并单击其左侧的Toggle animation（切换动画）按钮 ，设置Major Radius（主要半径）设置为10.0，打开动画关键帧的记录，将Intensity（强度）设置为46.0，将Ambience Intensity（环境照明强度）设置为-100.0，设置Surface Gloss（表面光泽）为10.0，设置Surface Material（表面质感）为62.0，设置Exposure（曝光度）为2.0，将Bump Layer（凹凸层）设置为Video 1（视频1），将Bump Channel（凹凸通道）设置为Alpha，设置Bump Height（凹凸高度）为35.0，如图11-80所示。

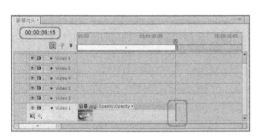

图11-79　拖入"背景.jpg"文件

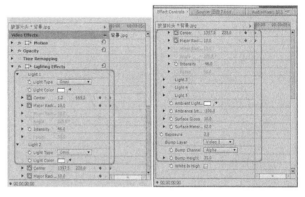

图11-80　设置灯光效果

03 设置当前时间为00:00:02:05，设置Lighting Effects（照明效果）选项组下Light 1（光照1）下的Center（中心）为1324.0、244.0，将Major Radius（主要半径）设置为100.0；设置Light 2（光照2）下的Center（中心）为-4.4、675.0，将Major Radius（主要半径）设置为70.0，如图11-81所示。

04 设置当前时间为00:00:02:05，将"图像2.psd"文件拖至"旅游片头"序列窗口Video 2（视频2）轨道中，与时间线指针对齐，并将其结束处"背景.jpg"文件的结束处对齐，如图11-82所示。

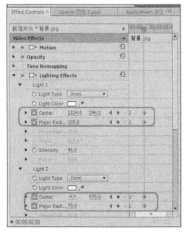

图11-81　设置参数

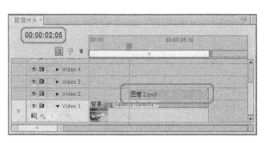

图11-82　拖入"图像2.psd"文件

05 确定"图像2.psd"文件被选中的情况下，打开Effect Controls（特效控制）窗口，设置Motion（运动）选项组中的Position（位置）为-500.0、290.0，单击其左侧的Toggle animation（切换动画）按钮　，打开动画关键帧的记录；将Scale（比例）设置为75.0。修改当前时间为00:00:03:22，设置Position（位置）为160.0、290.0，如图11-83所示。

06 设置当前时间为00:00:02:05，将Title 01（字幕01）拖至Video 3（视频3）轨道中，与时间线指针对齐，将其结束处与"背景.jpg"文件的结束处对齐，如图11-84所示。

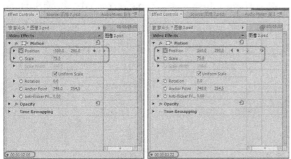

图11-83　设置关键帧　　　　　　　　　　图11-84　拖入Title 01

07 确定Title 01（字幕01）被选中的情况下，打开Effect Controls（特效控制）窗口，设置Motion（运动）选项组中的Position（位置）为-200.0、340.0，单击其左侧的Toggle animation（切换动画）按钮　，打开动画关键帧的记录。设置当前时间为00:00:03:22，设置Position（位置）为460.0、340.0，如图11-85所示。

08 设置当前时间为00:00:03:22，将"图像3.psd"文件拖至"旅游片头"序列窗口Video 4（视频4）轨道中，将其结束处对Title 01（字幕01）的结束处对齐，如图11-86所示。

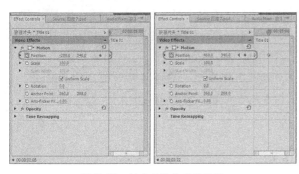
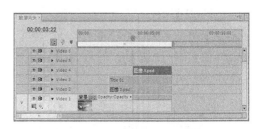

图11-85　创建两处位置关键帧　　　　　　图11-86　拖入"图像3.psd"文件

09 确定"图像3.psd"文件被选中的情况下，打开Effect Controls（特效控制）窗口，设置Motion（运动）选项组中的Position（位置）为226.0、328.0，设置Scale（比例）为60.0，设置Opacity（透明度）为0.0%，单击其左侧的Toggle animation（切换动画）按钮　，打开动画关键帧的记录。修改时间为00:00:04:16，设置Opacity（透明度）为100.0%，如图11-87所示。

10 设置当前时间为00:00:04:02，将"图像4.psd"文件拖至"旅游片头"序列窗口Video 5（视频5）轨道中，与时间线指针对齐，并将其Speed/Duration（速度/持续时间）设置为00:00:01:02，如图11-88所示。

11 确定"图像4.psd"被选中的情况下，打开Effect Controls（特效控制）窗口，设置Motion（运

动）选项组中的Position（位置）为226.0、328.0，设置Scale（比例）为60.0，如图11-89
所示。

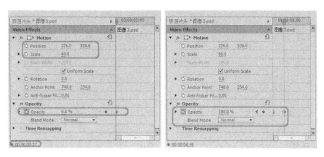

图11-87 设置关键帧

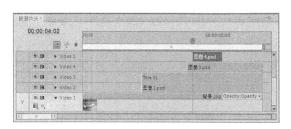

图11-88 拖入"图像4.psd"

图11-89 设置参数

[12] 选择"图像4.psd"，为其添加Cross Dissolve（交叉叠化）特效，确认添加的特效被选中的情
况下，打开Effect Controls（特效控制）窗口，将Duration（持续时间）设置为00:00:00:12，如
图11-90所示。

[13] 使用同样的方法，在其他视频轨道中拖入素材，设置Speed/Duration（速度/持续时间）以及为
其添加转场效果等，完成后的效果如图11-91所示。

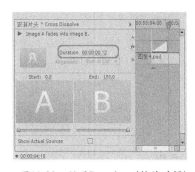

图11-90 设置Duration（持续时间）

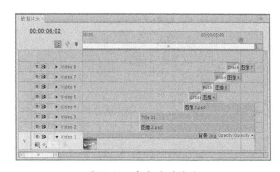

图11-91 完成后的效果

[14] 将当前时间设置为00:00:04:16，将Title 02（字幕02）拖至"旅游片头"序列窗口的Video 9
（视频9）轨道中，与时间线指针对齐，如图11-92所示，将其结束处与"图像07.psd"文件的
结束处对齐。

[15] 确定Title 02（字幕02）被选中的情况下，打开Effect Controls（特效控制）窗口，设置Motion
（运动）选项组中的Position（位置）为360.0、328.0，设置Opacity（透明度）为0.0%。设置

当前时间为00:00:05:02，设置Opacity（透明度）为100.0%，如图11-93所示。

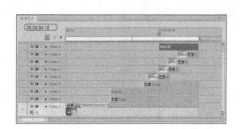

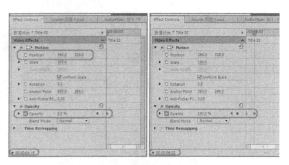

图11-92　拖入并设置Title 02（字幕02）　　　　图11-93　设置两处透明度关键帧

▶ 11.2.4　对序列进行嵌套

对序列进行嵌套，然后再进行设置，具体的设置如下。

01 新建"旅游片头02"序列，选择Sequence（序列）| Add Tracks（添加轨道）命令，在弹出的 Add Tracks（添加轨道）对话框中，添加10条视频轨道，单击OK按钮，如图11-94所示。

02 将"旅游片头"序列拖至"旅游片头02"序列窗口Video 1（视频1）轨道中，如图11-95所 示，解除视音频的链接，将音频删除。

图11-94　添加视频轨道

图11-95　拖入"旅游片头02"序列

03 设置当前时间为00:00:04:18，将Title 03（字幕03）拖到"旅游片头02"序列窗口的Video 2 （视频2）轨道中，与时间线指针对齐，如图11-96所示，将其结束处与"旅游片头02"序列 的结束处对齐。

04 为Title 03（字幕03）的开始处添加Cross Dissolve（交叉叠化）转场特效，如图11-97所示。

图11-96　拖入Title 03（字幕03）

图11-97　添加转场特效

05 设置当前时间为00:00:02:04，将Title 04（字幕04）拖至"旅游片头02"序列窗口的Video 3（视 频3）轨道中，与时间线指针对齐，并将其结束处与Title 03的结束处对齐，如图11-98所示。

06 确定Title 04（字幕04）被选中的情况下，打开Effect Controls（特效控制）窗口，设置Motion（运动）选项组中的Position（位置）为300.0、130.0，设置当前时间为00:00:02:04，单击Opacity（透明度）右侧的Add/Remove Key frame（添加/删除关键帧）按钮，修改当前时间为00:00:02:20，设置Opacity（透明度）为80.0%，如图11-99所示。

图11-98　拖入Title 04（字幕04）　　　　　　　图11-99　设置两处透明度关键帧

07 设置当前时间为00:00:04:04，单击Position（位置）左侧的Toggle animation（切换动画）按钮，打开动画关键帧的记录。设置当前时间为00:00:04:23，设置Position（位置）为440.0、130.0，如图11-100所示。

08 设置当前时间为00:00:05:08，添加一处Opacity（透明度）关键帧，并将其设置为80.0%。设置当前时间为00:00:05:10，设置Opacity（透明度）为60.0%，如图11-101所示。

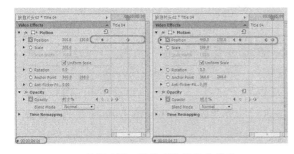

图11-100　设置两处位置关键帧　　　　　　　图11-101　设置两处透明度关键帧

09 每隔两帧添加一处Opacity（透明度）关键帧，用户可以自己定义，如图11-102所示。

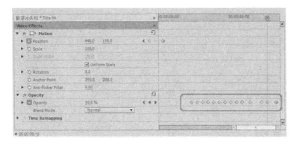

图11-102　设置多处透明度关键帧

10 使用同样的方法，创建出其他视频轨道中Title 04（字幕04）的效果。

11 确定时间为00:00:15:00，将"背景02.jpg"文件拖至"旅游片头02"序列窗口的Video 1（视频1）轨道中，与"旅游片头02"序列的结束处对齐，设置结尾处与时间线指针对齐，如图11-103所示，右击该文件，在弹出的快捷菜单中选择Scale to frame Size（适配为当前画面大小）命令。

⓬ 确定"背景02.jpg"被选中的情况下,为其添加Cross Dissolve(交叉叠化)特效至开始处。确定添加的特效被选中的情况下,打开Effect Controls(特效控制)窗口,将Duration(持续时间)设置为00:00:00:15,如图11-104所示。

图11-103 拖曳"背景02.jpg"

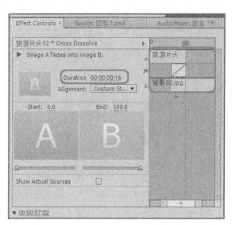

图11-104 设置特效

⓭ 为"背景02.jpg"文件添加Lighting Effects(照明效果)特效,打开Effect Controls(特效控制)窗口,将当前时间设置为00:00:07:02,在Lighting Effects(照明效果)选项组下设置Light 1(光照1)下的Light Type(灯光类型)为Omni(全光源),设置Light Color(照明颜色)的RGB值为254、235、104,设置Center(中心)为63.0、360.0,将Major Radius(主要半径)设置为10.0,分别单击Center(中心)、Major Radius(主要半径)左侧的Toggle animation(切换动画)按钮 ,将Intensity(强度)设置为10.0,将Ambience Intensity(环境照明强度)设置为20.0,设置Surface Material(表面质感)为45.0,将Bump Layer(凹凸层)设置为Video 1(视频1),将Bump Channel(凹凸通道)设置为G,将Bump Height(凹凸高度)设置为5.0,如图11-105所示。

⓮ 将当前时间设置为00:00:09:02,将Lighting Effects(照明效果)选项组下的Center(中心)设置为243.0、316.0,将Major Radius(主要半径)设置为40.0,如图11-106所示。

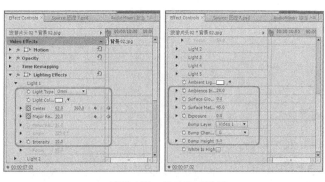

图11-105 设置照明效果

图11-106 设置灯光关键帧

⓯ 继续选择"背景02.jpg"文件并为其添加Crop(裁剪)特效,然后将当前时间设置为00:00:07:00,打开Effect Controls(特效控制)窗口,将Crop(裁剪)选项下的Top(顶部)设置为50.0%,将Bottom(底部)设置为50.0%,分别单击这两项左侧的Toggle animation(切换

动画）按钮 ，将当前时间设置为00:00:07:05，将Top（顶部）设置为0.0%，将Bottom（底部）设置为0.0%，如图11-107所示。

16 根据前面所讲到的方法，在Vodeo 2（视频2）中插入"图像1.psd"素材，并设置其位置及透明度。

17 将当前时间设置为00:00:09:04，将Title 05（字幕05）拖至"旅游片头02"序列窗口的Video 3（视频3）轨道中，与"图像1.psd"的结束处对齐，如图11-108所示。

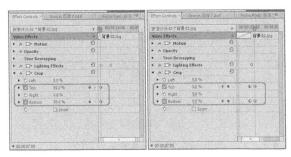

图11-107　设置参数　　　　　　　　　　　　　　图11-108　拖曳Title 05（字幕05）

18 确定Title 05（字幕05）被选中的情况下，打开Effect Controls（特效控制）窗口，设置当前时间为00:00:09:04，设置Motion（运动）选项组中的Position（位置）为785.0、288.0，单击其左侧的Toggle animation（动画切换）按钮 ，打开动画关键帧的记录，设置当前时间为00:00:09:14，将Position（位置）设置为386.0、288.0，如图11-109所示。

19 设置当前时间为00:00:10:10，设置其Opacity（透明度）为100.0%，修改时间为00:00:10:24，设置其Opacity（透明度）为0.0%，如图11-110所示。

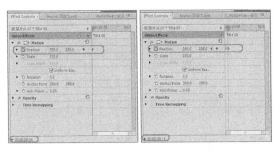

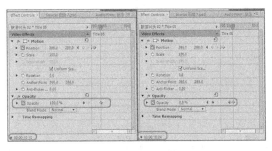

图11-109　设置位置关键帧　　　　　　　　　　　图11-110　设置透明度关键帧

20 使用同样的方法，创建出其他圆角矩形的运动效果，如图11-111所示。

21 设置当前时间为00:00:11:00，将Title 01（字幕01）拖至"旅游片头02"序列的Video 7（视频7）轨道中，打开Effect Controls（特效控制）窗口，设置Motion（运动）选项组中的Position（位置）为480.0、-160.0，单击其左侧的Toggle animation（切换动画）按钮 ，打开动画关键帧的记录；修改当前时间为00:00:11:05，设置Position（位置）为202.0、345.0，如图11-112所示。

22 设置的时间为00:00:11:05，将Title 10（字幕10）拖曳至"旅游片头02"序列窗口中的 Video 8（视频8）轨道中，为其添加Four-Point Garbage Matte（四点蒙版扫除）特效，打开Effects Controls（特效控制）窗口，设置Motion（运动）选项组中的Position（位置）为302.0、300.0，设置Four-Point Garbage Matte（四点蒙版扫除）特效选项组中的Top Left（左上角）为

459.5、120.2，设置Bottom Right（左下角）为720.0、576.0，如图11-113所示。

23 设置完成后，为其添加Crop（剪裁）特效，打开Effect Controls（特效控制）窗口，设置当前位置为00:00:11:05，将Crop（剪裁）选项组中的Right（右）设置为55.0%，单击其左侧的Toggle animation（切换动画）按钮　，打开动画关键帧的记录，如图11-114所示。

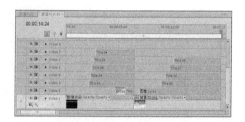

图11-111　完成后的效果

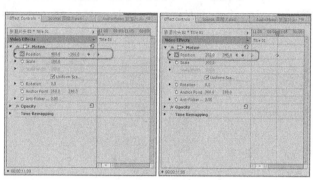

图11-112　设置位置关键帧

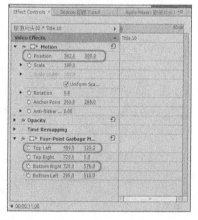

图11-113　Effect Controls（特效控制）窗口

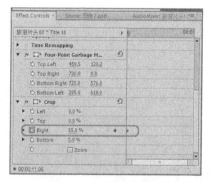

图11-114　设置关键帧

24 设置当前时间为00:00:11:20，在Effect Controls（特效控制）窗口中将Crop（剪裁）选项下的Right（右）设置为0.0%，如图11-115所示。

25 使用同样的方法，制作出另一边的矩形效果，如图11-116所示。

图11-115　设置关键帧

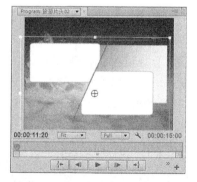

图11-116　设置完成后的效果

26 设置当前时间为00:00:11:20，将Title 12（字幕12）拖至"旅游片头02"的Video 10（视频10）

轨道中，与时间线指针对齐，拖动其结束处与Title 11（字幕11）对齐，如图11-117所示。

27 选择Title 12（字幕12），打开Effect Controls（特效控制）窗口，设置Motion（运动）选项组中的Position（位置）为320.0、315.0，设置当前时间为00:00:11:20，将Opacity（透明度）设置为0.0%，单击其左侧的Toggle animation（切换动画）按钮，打开动画关键帧的记录；设置当前时间为00:00:13:00，将Opacity（透明度）设置为100.0%，如图11-118所示。

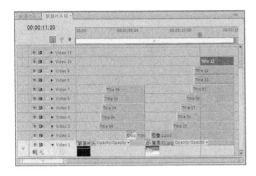

图11-117　拖入Title 12

图11-118　设置关键帧的透明度

28 设置当前时间为00:00:11:05，将Title 09（字幕09）拖至"旅游片头02"序列窗口的Video 11（视频11）轨道中，打开Effect Controls（特效控制）窗口，设置Motion（运动）选项组中的Position（位置）为130.0、288.0；单击其左侧的Toggle animation（切换动画）按钮，打开动画关键帧的记录；改变当前时间为00:00:11:20，设置Motion（运动）选项组中的Position（位置）为420.0、288.0，如图11-119所示。

29 使用同样的方法，完成另一边文字的运动效果。

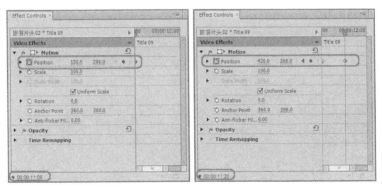

图11-119　设置Position（位置）关键帧

11.2.5　导入音频并输出视频

下面来介绍一下导入音频文件以及输出影片的方法，具体操作步骤如下。

01 将时间设置为00:00:00:00，将"背景音乐.wav"文件拖至"旅游片头02"序列窗口的Audio 1（音频1）轨道中，与时间线指针对齐，将其结束处与Video 1（视频1）轨道中"背景02.jpg"文件的结束处对齐，如图11-120所示。

02 单击Audio 1（音频1）轨道中左侧的按钮▶，展开轨道，然后使用Pen Tool（钢笔工具）在音频淡化器上单击鼠标左键，创建关键帧，如图11-121所示。

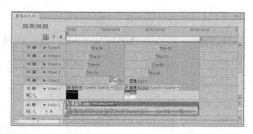

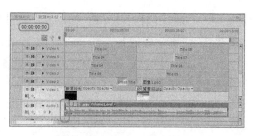

图11-120　添加音频文件　　　　　　　　　　　图11-121　添加关键帧

03 设置当前时间为00:00:00:24，在创建的关键帧右侧再次创建一个关键帧，并选择新创建的关键帧，然后按住鼠标左键向上拖动关键帧，如图11-122所示。

04 使用同样的方法，在音频的结尾处添加关键帧，创建音频的淡出效果，如图11-123所示。

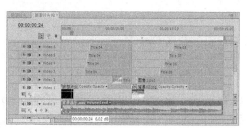

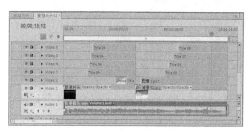

图11-122　添加关键帧　　　　　　　　　　　图11-123　拖曳关键帧

05 按Ctrl+M组合键，打开Export Settings（导出设置）对话框，将Format（格式）设置为AVI，将Preset（预设）设置为PAL DV，单击Output Name（输出名称）右侧的名称，在打开的对话框中设置输出路径及文件名，如图11-124所示。

06 单击Export（导出）按钮，即可对影片进行渲染导出，其导出以进度条的方式显示，如图11-125所示。

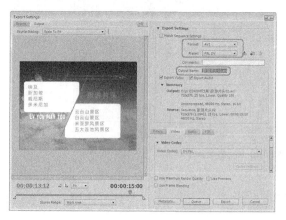

图11-124　Export Settings（导出设置）对话框　　　　　　图11-125　导出形式

习题答案

第1章

1. 选择题
（1）A　　　（2）B

2. 填空题
（1）特效处理　输出播放
（2）位图图形　矢量图形　矢量图形

3. 判断题
（1）✓
（2）×
（3）✓

第2章

1. 选择题
（1）B　　　（2）C

2. 填空题
（1）File（文件）
（2）Mark In（标记入点）

3. 判断题
（1）×
（2）×
（3）✓

第3章

1. 选择题
（1）D　　　（2）B

2. 填空题
（1）外部视频输入
　　　软件视频素材输入
（2）模拟信号　数字信号

3. 判断题
（1）✓
（2）×

4. 上机操作题
（略）

第4章

1. 选择题
（1）D　　　（2）A

2. 填空题
（1）Ctrl+Shift+S
（2）图像素材

3. 判断题
（1）×
（2）✓

4. 上机操作题
（略）

第5章

1. 选择题
（1）D　　　（2）A

2. 填空题
（1）线性　插入　复制　替换
（2）长度　入点　出点

3. 判断题
（1）×
（2）✓

4. 上机操作题
（略）

第6章

1. 选择题
（1）D　　　（2）C

2. 填空题
（1）色相　亮度　饱和度
（2）变亮　阴影

3. 判断题
（1）✓
（2）×

4. 上机操作题

（略）

第7章

1. 选择题

（1）D　　（2）A

2. 填空题

（1）影视镜头　切换　转场

（2）Video Transitions

（视频转场特效）

3. 判断题

（1）×

（2）×

4. 上机操作题

（略）

第8章

1. 选择题

（1）C　　（2）A

2. 填空题

（1）直线　矩形　圆形　多边形

（2）对角翻转　水平　垂直

3. 判断题

（1）✓

（2）×

4. 上机操作题

（略）

第9章

1. 选择题

（1）D　　（2）D

2. 填空题

（1）次序

（2）Audio Mixer（调音台）

3. 判断题

（1）×

（2）×

4. 上机操作题

（略）

第10章

1. 选择题

（1）D　　（2）B

2. 填空题

（1）输出设置

（2）Use Frame Blending

（使用帧混合）

3. 判断题

（1）✓

（2）✓

4. 上机操作题

（略）